高等职业教育新形态系列教材

智能注塑成型技术概论

主　编　张玉平
副主编　张　云　高　煌　韦光珍
参　编　白娇娇　张津竹　马　畅　公冶凡娇
　　　　李　鹏　张潇方　刘　蕾

北京理工大学出版社
BEIJING INSTITUTE OF TECHNOLOGY PRESS

内 容 简 介

本书基于智能注塑成型过程，概括地介绍了从塑料到产品再到质量检测的全过程。可以供模具设计与制造、机械设计与制造、电气自动化技术等多个专业，开展模具装调、成型过程监控、机器视觉检测等多课程教学使用。

全书分为10个项目。项目1介绍塑料的性能与工艺特性；项目2介绍注塑模具；项目3介绍注塑工艺；项目4介绍注塑机；项目5介绍注塑缺陷及消除方法；项目6介绍注塑CAE；项目7介绍注塑模科学试模方法；项目8介绍实验设计方法；项目9介绍注塑过程监控技术；项目10介绍制品质量视觉检测技术。

本书由重庆工业职业技术学院、华中科技大学和武汉模鼎科技有限公司等校企合作共同开发完成。本教材由浅入深，循序渐进，用通俗易懂的语言介绍了智能注塑成型过程相关知识和技能，适用于高等院校、高职院校相关实验实训课程。

版权专有　侵权必究

图书在版编目（CIP）数据

智能注塑成型技术概论 / 张玉平主编. -- 北京：北京理工大学出版社，2024.1（2024.11重印）

ISBN 978-7-5763-3622-1

Ⅰ. ①智… Ⅱ. ①张… Ⅲ. ①注塑-塑料成型-教材 Ⅳ. ①TQ320.66

中国国家版本馆 CIP 数据核字（2024）第 024843 号

责任编辑：高雪梅	**文案编辑**：李海燕
责任校对：周瑞红	**责任印制**：李志强

出版发行 /	北京理工大学出版社有限责任公司
社　　址 /	北京市丰台区四合庄路6号
邮　　编 /	100070
电　　话 /	（010）68914026（教材售后服务热线）
	（010）63726648（课件资源服务热线）
网　　址 /	http://www.bitpress.com.cn
版印次 /	2024年11月第1版第2次印刷
印　　刷 /	河北盛世彩捷印刷有限公司
开　　本 /	787 mm×1092 mm　1/16
印　　张 /	12.5
字　　数 /	286千字
定　　价 /	42.00元

图书出现印装质量问题，请拨打售后服务热线，负责调换

前 言

本书基于智能注塑成型过程，概括介绍从塑料到产品再到质量检测的全过程，可以供模具设计与制造、机械设计与制造、电气自动化技术等多个专业开展模具装调、成型过程监控、机器视觉检测等多课程教学使用。

全书共10个项目。项目1介绍塑料的性能与工艺特性；项目2介绍注塑模具；项目3介绍注塑工艺；项目4介绍注塑机；项目5介绍注塑缺陷及消除方法；项目6介绍注塑CAE；项目7介绍注塑模科学试模方法；项目8介绍实验设计方法；项目9介绍注塑成型过程监控技术；项目10介绍注塑产品视觉检测技术。

本书由重庆工业职业技术学院、华中科技大学和武汉模鼎科技有限公司共同合作开发完成。

本书由重庆工业职业技术学院张玉平担任主编，华中科技大学张云、武汉模鼎科技有限公司高煌、重庆工业职业技术学院韦光珍担任副主编，另外，重庆工业职业技术学院白娇娇、张津竹、马畅、公冶凡娇及武汉模鼎科技有限公司李鹏、张潇方、刘蕾等参与了本书的编写工作。

由于编者水平有限，时间仓促，书中难免有错误和欠妥之处，恳请读者批评指正。

编　者

目 录

项目 1　塑料的性能与工艺特性 ······ 1
　任务 1　塑料的组成、发展与分类 ······ 1
　任务 2　塑料的性能与常见加工方式 ······ 4
　任务 3　常用塑料的性能、应用及成型工艺 ······ 6
　任务工单 ······ 10

项目 2　注塑模具 ······ 12
　任务 1　注塑模具简介 ······ 12
　任务 2　注塑模具的分类与典型结构 ······ 13
　任务 3　注塑产品设计 ······ 19
　任务 4　模具设计 ······ 23
　任务工单 ······ 45

项目 3　注塑工艺 ······ 47
　任务 1　注塑工艺过程 ······ 47
　任务 2　注塑成型工艺参数解读 ······ 50
　任务 3　注塑工艺设定考虑的因素 ······ 56
　任务工单 ······ 60

项目 4　注塑机 ······ 62
　任务 1　注塑机简介 ······ 62
　任务 2　注塑机典型结构 ······ 68
　任务 3　注塑机典型性能参数 ······ 74
　任务 4　注塑机选型 ······ 76
　任务工单 ······ 78

项目 5　注塑缺陷及消除方法 ······ 80
　任务 1　短射 ······ 80
　任务 2　飞边 ······ 87
　任务 3　缩水 ······ 91
　任务 4　熔接线 ······ 94
　任务 5　气穴 ······ 98
　任务 6　翘曲 ······ 102

任务工单 …… 107
项目6　注塑CAE …… 109
　　任务1　注塑成型CAE概述 …… 109
　　任务2　华塑CAE操作基础 …… 117
　　任务3　华塑CAE分析实例 …… 120
项目7　注塑模具科学试模方法 …… 132
　　任务1　传统试模介绍 …… 132
　　任务2　科学试模介绍 …… 133
　　任务3　科学试模流程与方法 …… 135
　　任务工单 …… 145
项目8　实验设计方法 …… 147
　　任务1　实验设计简介及发展 …… 147
　　任务2　实验设计基础理论 …… 150
　　任务3　正交表 …… 154
　　任务4　正交实验设计流程与应用 …… 157
　　任务工单 …… 159
项目9　注塑成型过程监控技术 …… 161
　　任务1　注塑过程监控技术概述 …… 161
　　任务2　成型数据采集 …… 163
　　任务3　数据分析方法 …… 173
　　任务4　注塑过程监控技术应用 …… 178
项目10　注塑产品视觉检测技术 …… 181
　　任务1　视觉检测技术概述 …… 181
　　任务3　视觉检测技术的基础知识 …… 183
　　任务3　视觉检测技术在注塑成型中的应用 …… 188

项目1 塑料的性能与工艺特性

项目引入

本项目旨在帮助了解塑料的性能与工艺特性。塑料是一种广泛使用的材料，具有多种特性和优点，如质量轻、强度高、化学稳定性好、耐磨性优良、光学性能优异等。这些特性使塑料在许多领域都有广泛应用，如建筑、电子、汽车、医疗等。塑料的工艺特性也使它们可以通过不同的加工方法进行成型和制造，如注塑、挤出、吹塑、压延等。这些加工方法可以制造出各种形状和大小的塑料制品，满足不同的需求。了解塑料的性能和工艺特性，可以帮助生产者和制造者更好地设计和制造塑料制品，提高生产效率和质量，同时也可以帮助消费者更好地选择和使用塑料制品，来满足其需求。

项目目标

(1) 了解塑料的概念。
(2) 了解塑料的组成与分类。
(3) 了解塑料的性能与用途。
(4) 理解塑料的工艺特性。
(5) 了解塑料的主要成型方法。

任务1 塑料的组成、发展与分类

【任务描述】

通过学习塑料的组成、发展与分类，可以更好地了解塑料材料的组成和性质，及其在不同领域中的应用，同时也可以更好地理解塑料制品的生产过程和质量控制等方面的知识。

【知识链接】

一、塑料组成

塑料是一类以合成树脂为基本成分，加入一定量不同添加剂的混合物，在一定温度、压力和时间下能制成规定形状和尺寸且具有一定功能的塑料制品。合成树脂是高分子聚合物，其分子由无数个单体单元构成，这些单体单元称为链节。与低分子化合物不同，高分子聚合物的每个分子中可以包含数百、数千、数万甚至数十万个链节，因此高分子聚合物的相对分子质量可以是数万、数十万到数百万。这些链节相互连接构成很长的链状分子，热塑性塑料的链状分子在加热前和加热后只是互相缠绕并不以化学链相连接，通常称为线型聚合物。热固性塑料在加热开始时也具有链状结构，但在受热后，这些链状分子通过交联反应逐渐结合成三维的网状结构，成为既不熔化又不溶解的物质，通常称为体型聚合物。

聚合物大分子中所含链节数称为聚合度。同一种聚合物的各个大分子，聚合度会有很大差别，通常称为相对分子质量的多分散性。这是由于在生成聚合物时，受诸多复杂因素的影响，分子链的增长是一个随机过程，各个大分子的链长会有较大差别。因此，聚合物的相对分子质量总是用平均值来表示。同一种聚合物的平均相对分子质量相同，但相对分子质量的多分散性会有差别。平均相对分子质量及其多分散性对聚合物的许多性能，特别是对其力学性能有着重要影响。平均相对分子质量愈大，力学性能愈好；平均相对分子质量相同，相对分子质量多分散性愈小，力学性能愈好。

根据需要，在合成树脂中加入其他成分的助剂，可以改善或调节塑料的性能。常用的助剂有填料、增强剂、增塑剂、润滑剂、着色剂、抗氧剂、光稳定剂、固化剂、阻燃剂等。并非所有塑料中都必须加入上述助剂，而是根据塑料的预定用途和树脂的基本性能有选择性地加入某些助剂。以同一树脂为基础的塑料，所含助剂品种和数量不同，性能也有很大差别，这就使塑料的品种、品级出现了性能的多样化和应用的广泛性。

二、塑料的发展

塑料的发展可以追溯到 19 世纪。1860 年，英国的亚历山大·帕克斯（Alexander Parkes）在研究硝酸纤维素时，分离出了第一种半合成塑料材料，并申请了专利。他将这种材料命名为帕克赛恩（后来更广为人知的名字是赛璐珞）。之后，赛璐珞作为台球中象牙的替代品被发明出来，其制作流程最初使用的是天然物质火棉胶，后来被发现可以添加樟脑以增加其强度。

进入 20 世纪，塑料的发展迎来了更大的突破。1930 年，巴斯夫开始生产市场型聚苯乙烯，大大提高了塑料的易用性，使公司可以大量推广塑料替代品。杜邦公司在 1940 年发现了聚对苯二甲酸乙二醇酯（PET），由于人们对更便宜、更耐用材料的需求，1950 年开始大规模生产聚丙烯。陶氏化学在 1960 年发明了发泡聚苯乙烯（EPS）。在最近的几十年中，塑料的发展依然在持续。嘉吉和陶氏化学于 1997 年开发了以玉米为原料的生物塑料聚乳酸（PLA）。2000 年，人们开始探索蘑菇、藻类和废弃物这些可再生的材料。总体来说，塑料的发展经历了多个阶段，从最初的天然高分子加工阶段，到合成树脂阶段，再到现在的生物可降解塑料阶段，人们对材料的需求和探索推动了塑料的不断发展。

三、塑料的分类

塑料的品种繁多，通常可按如下方法分类。

(1) 按受热时的行为可分为热塑性和热固性。热塑性塑料加热时变软，冷却时变硬，其过程是可逆的，能够反复进行。聚乙烯、聚丙烯、聚氯乙烯、聚苯乙烯、聚甲醛、聚碳酸酯、聚酰胺（俗称尼龙）、丙烯酸类、其他聚烯烃及其共聚物、聚砜、聚苯醚等都是热塑性塑料。热塑性塑料中聚合物的分子链都是线型或带支链结构，分子链之间无化学链产生，加热时软化流动和冷却变硬的过程都是物理变化。

热固性塑料第一次加热时可以软化、流动，加热到一定温度时产生化学反应，交联固化而变硬，其过程是不可逆的，再次加热不能再变软。热固性塑料的聚合物在固化前是线型或带支链的结构，固化后分子链之间形成化学链，成为三维的网状结构。酚醛、脲醛、三聚氰胺、环氧、不饱和聚酯、有机硅等塑料，都是热固性塑料。

（2）按反应类型可为加聚型和缩聚型。由低分子单体合成聚合物的反应称为聚合反应。单体加成聚合起来的反应称为加聚反应，例如，由氯乙烯聚合成聚氯乙烯的反应：

$$n\text{CH}_2=\text{CHCl} \longrightarrow \text{---}[\text{CH}_2\text{---CH(Cl)}]_n\text{---}$$

由加聚反应生成的聚合物称为加聚物。反应过程中无低分子产物释出，其元素组成与单体相同，加聚物分子量是单体分子量与聚合度的乘积。聚烯烃、聚卤代烯烃、聚苯乙烯、聚甲醛、丙烯酸类等塑料都属于加聚物。加聚型塑料都是热塑性塑料。

若在反应过程中，除形成聚合物外，同时还有低分子副产物形成，则此种聚合反应称为缩聚反应，其产物称为缩聚物。由于有低分子副产物析出，因此缩聚物的元素组成与相应的单体不同。例如，己二胺与己二酸之间的缩聚反应可表示为：

$$n\text{H}_2\text{N}\text{---}[\text{CH}_2]_6\text{---NH}_2 + n\text{HOOC}\text{---}[\text{CH}_2]_4\text{---COOH} \longrightarrow$$
$$\text{H}\text{---}[\text{NH}\text{---}[\text{CH}_2]_6\text{---NH}\text{---CO}\text{---}[\text{CH}_2]_4\text{---CO}]_n\text{---OH} + (2n\text{H}_2\text{O})$$

反应中析出低分子水，生成主链中含 n 个聚酰胺。聚酰胺、聚碳酸酯、聚苯醚、聚砜、酚醛、环氧、氨基塑料等都是缩聚型塑料。缩聚型塑料的一部分品种是热固性塑料，另一部分品种为热塑性塑料。

（3）按分子排列状态可分为无定形和结晶形。无定形塑料的聚合物大分子的排列是无序的。这种塑料由于聚合物分子链的结构特点或成型过程中工艺条件的限制，分子链不会有序整齐堆砌形成结晶结构，而呈现无规则的随机排列，常用的无定形塑料有聚苯乙烯、聚碳酸酯、聚氯乙烯、ABS 等。

结晶形塑料的聚合物大分子排列呈现出三维有序状态。从熔融状态冷却成为制品过程中，聚合物的分子链能够有序紧密堆砌产生结晶结构。结晶形塑料不像低分子晶体那样能产生100%的结晶度，一般结晶度在 10%～60%，称为半结晶。聚合物大分子链列呈现出非晶相与结晶相共存的状态。成型条件对结晶度和晶态结构有明显影响。结晶结构只存在于热塑性塑料中。常用结晶形塑料有聚乙烯、聚丙烯、聚四氟乙烯、尼龙、聚甲醛等。

（4）按性能和应用范围可分为通用塑料、工程塑料和特种塑料。通用塑料是指生产量大、货源广、价格低、适于大量应用的塑料。通用塑料具有良好的成型工艺性，可采用多种成型工艺生产出各种不同用途的制品。聚乙烯、聚氯乙烯、聚苯乙烯、聚丙烯和酚醛塑料被称为五大通用塑料，其他聚烯烃、乙烯基塑料及其共聚物与改性材料、丙烯酸塑料和氨基塑料等也都属于通用塑料。

工程塑料是指有突出力学性能和耐热性或优异耐化学试剂、耐溶剂性，或在变化的环境条件下可保持良好的绝缘介电性能的塑料。工程塑料一般可以作为承载结构件，高温环境下的耐热件和承载件，高温、潮湿、大范围变频条件下的介电制品和绝缘用品。工程塑料的生产批量小，价格也较昂贵，用途范围相对狭窄，一般都是按某些特殊用途生产一定批量的材料。工程塑料主要品种有聚酰胺（尼龙）、聚碳酸酯、聚甲醛、聚苯醚、ABS、PET、聚砜、氟塑料、超高分子量聚乙烯、环氧塑料和不饱和聚酯等。

特种塑料是指具有某种特殊功能，适于某种特殊用途的塑料，例如，用于导电、压电、热电、导磁、感光、防辐射、光导纤维、液晶、高分子分离膜、专用于减摩耐磨等。

由于塑料的名称大都冗长烦琐、读写均不方便，因此常用国际通用的英文缩写字母来表示。表 1.1 为常用塑料名称及英文代号。

表 1.1 常用塑料名称及英文代号

塑料种类	塑料名称	代号
热塑性塑料	聚乙烯	PE
	高密度聚乙烯	HDPE
	低密度聚乙烯	LDPE
	聚丙烯	PP
	聚苯乙烯	PS
	丙烯腈-丁二烯-苯乙烯共聚物	ABS
	聚甲基丙烯酸甲酯（有机玻璃）	PMMA
	聚苯醚	PPO
	聚酰胺（尼龙）	PA（N）
	聚砜	PSF
	聚氯乙烯	PVC
	聚甲醛	POM
	聚碳酸酯	PC
热固性塑料	酚醛	PF
	脲醛	UF
	三聚氰胺甲醛树脂	MF
	环氧树脂	EP
	不饱和聚酯	UP

任务 2　塑料的性能与常见加工方式

【任务描述】

通过该任务的学习，掌握不同品种塑料的性能、用途及常见加工方式。

【知识链接】

一、塑料性能

不同品种的塑料具有不同的性能和用途。综合起来，塑料具有如下性能及用途。

（1）质量轻。一般塑料的密度与水相近，大约是钢密度的1/6。虽然塑料的密度小，但其机械强度比木材、玻璃、陶瓷等要高得多。有些塑料在强度上甚至可与钢铁媲美。这对于要求减轻自重的车辆、船舶和飞机等有着特别重要的意义。由于质量轻，塑料特别适合制造轻巧的日用品和家用电器零件。

（2）比强度高。如果按单位质量来计算材料的抗拉强度（称为比强度），则塑料并不逊于金属，有些塑料，如工程塑料、碳纤维增强塑料等，还远远超过金属。所以一般塑料除制造日常用品外，还可用于工程机械中。纤维增强塑料可用作负载较大的结构零件。塑料零件在运输工具中所占比例越来越大。目前，在小轿车中塑料的质量约占车重的1/10，而在宇宙飞船中塑料约占飞船总体积的一半。

（3）耐化学腐蚀能力强。塑料对酸、碱、盐等化学物质均有耐腐蚀能力。其中，聚四氟乙烯是目前化学性能最稳定的塑料之一，其化学稳定性超过了绝大部分的已知材料（包括金与铂）。最常用的耐腐蚀材料为硬聚氯乙烯，其可以耐浓度达90%的浓硫酸、各种浓度的盐酸及碱液，被广泛用来制造化工管道及容器。

（4）绝缘性能好。塑料对电、热、声都有良好的绝缘性能，被广泛用来制造电绝缘材料、绝热保温材料以及隔声吸声材料。塑料的优越电气绝缘性能和极低的介电损耗性能，可以与陶瓷和橡胶媲美。除用作绝缘材料外，现又制造出半导体塑料、导电导磁塑料等，它们对电子工业的发展具有独特的意义。

（5）光学性能好。塑料的折光率较高，并且具有很好的光泽。不加填充剂的塑料大都可以制成透光性良好的制品，如有机玻璃、聚苯乙烯、聚碳酸酯等都可制成晶莹透明的制品。目前这些塑料已广泛用来制造玻璃窗、罩壳、透明薄膜及光导纤维材料。

（6）多种防护性能。上述塑料的耐腐蚀性、绝缘性等皆体现出塑料对其他物质的防护性，塑料还具有防水、防潮、防辐射、防震等多种防护性能，被广泛用来制造食品、化工、航天、原子能工业的包装材料和防护材料。

二、塑料常见加工方式

塑料常见的加工方式有注塑、吹塑、挤出、吸塑、模压成型、压延成型等。

1. 注塑

注塑即热塑性塑料注塑成型，是先将塑料材料熔融，然后将其注入模腔。熔融的塑料一旦进入模具中，就受冷依模腔样成型成一定形状。常见的产品有电脑机箱外壳、连接器、手机外壳、键盘、鼠标、音响等。

2. 吹塑

吹塑又称中空吹塑，是一种发展迅速的塑料加工方法。热塑性树脂经挤出或注塑成型得到的管状塑料型坯，趁热（或加热到软化状态）置于对开模中，闭模后立即在型坯内通入压缩空气，使塑料型坯吹胀而紧贴在模具内壁上，经冷却脱模，即得到各种中空制品。生活中常见的瓶、桶、罐、箱及所有包装食品、饮料、化妆品、药品和日常用品的容器等用的塑料，其加工工艺都是吹塑。

3. 挤出

挤出成型在塑料加工中又称挤塑，在橡胶加工中又称压出，是指物料通过挤出机料筒和螺杆间的作用，边受热塑化，边被螺杆向前推送，连续通过机头而制成各种截面制品或半制品的一种加工方法。挤出的制品都是连续的型材，如管、棒、丝、板、薄膜、电线电缆包覆层等。其中最常用的是 PS、PE、PP、TPE、TPU 等。加工完成后出现在我们生活中的有 LED 灯罩、排水管、超市价格牌等。

4. 吸塑

吹塑成型实际是挤出和注塑成型加上压缩空气的膨胀而成，其包括吹塑薄膜及中空制品两种。

5. 模压成型

模压成型是一种将熔化的塑料塞入模具中，在一定温度和压力下，使其冷却成型的加工工艺。该工艺具有成型精度高、生产效率高、成本低等优点。流程一般包括塑料加热、模具装配、注塑成型、模具开启、脱模等环节。

6. 压延成型

压延成型可分成下列几个步骤：树脂与配合剂的混合和塑化；加料至压延机；在压延机上压延成型；将薄膜或薄片从压延机上取下；塑料薄膜、薄片的冷却；塑料薄膜、薄片的切边卷取。压延成型是目前一种生产薄膜制品和片材的主要成型加工方法。

应该指出的是，塑料也存在一些缺点，在应用中受到一定的限制。一般塑料的刚性差，如尼龙的弹性模量约为钢铁的 1/100。塑料的耐热性差，在长时间工作的条件下一般使用温度在 100 ℃ 以下，并且在低温下易开裂。塑料的导热系数只有金属的 1/600～1/200，这对散热而言是一个缺点。若长期受荷载作用，即使温度不高，塑料也会渐渐产生塑性流动，即产生"蠕变"现象。塑料易燃烧，在光和热的作用下性能容易变坏，发生老化现象。所以，在选择塑料时要注意扬长避短。

任务 3 常用塑料的性能、应用及成型工艺

【任务描述】

通过该任务的学习，了解常用塑料的性能、应用及成型工艺。

【知识链接】

可供注塑使用的热塑性塑料很多，下面仅介绍常用的热塑性塑料及其注射工艺。

一、聚乙烯（PE）

聚乙烯（polyethylene，PE）是乙烯单体经聚合反应制得的一种热塑性树脂。在工业

上，也包括乙烯与少量α-烯烃的共聚物。PE无臭，无毒，手感似蜡，具有优良的耐低温性能（最低使用温度可达-100~-70 ℃）。化学稳定性好，因聚合物分子内通过碳—碳单键相连，能耐大多数酸碱的侵蚀（不耐具有氧化性质的酸）。常温下不溶于一般溶剂，吸水性小，电绝缘性优良。PE对于环境应力（化学与机械作用）很敏感，可用一般热塑性塑料的成型方法加工。PE依据聚合方法、分子量高低、链结构，可分为高密度聚乙烯（HDPE）、低密度聚乙烯（LDPE）及线型低密度聚乙烯（LLDPE）和超高分子量聚乙烯（UHMWPE）。

PE树脂为无毒、无味的白色粉末或颗粒，外观呈乳白色，有似蜡的手感，吸水率低，小于0.01%。PE膜透明，并随结晶度的提高而降低。PE膜的透水率低但透气性较大，不适于保鲜包装而适于防潮包装。易燃，氧指数为17.4，燃烧时低烟，有少量熔融落滴，火焰上黄下蓝，有石蜡气味。PE的耐水性较好。制品表面无极性，难以粘合和印刷，经表面处理会有所改善。支链多，使其耐光降解和耐氧化能力差。

PE分子量一般在1万~10万范围内，分子量超过10万的为超高分子量PE。分子量越高，其物理力学性能越好，越接近工程材料的要求。但分子量越高，其加工的难度也随之增大。PE熔点为100~130 ℃，其耐低温性能优良。在-60 ℃下仍可保持良好的力学性能，使用温度在80~110 ℃。

常温下不溶于任何已知溶剂中，70 ℃以上可少量溶解于甲苯、乙酸戊酯、三氯乙烯等溶剂中。

PE化学稳定性较好，室温下可耐稀硝酸、稀硫酸和任何浓度的盐酸、氢氟酸、磷酸、甲酸、氨水、胺类、过氧化氢、氢氧化钠、氢氧化钾等溶液。但不耐强氧化性酸的腐蚀，如发烟硫酸、浓硝酸、铬酸与硫酸的混合液，在室温下会对PE产生缓慢的侵蚀作用。在90~100 ℃温度下，浓硫酸和浓硝酸会快速地侵蚀PE，使其破坏或分解。PE容易光氧化、热氧化、臭氧分解，在紫外线作用下容易发生降解，炭黑对PE有优异的光屏蔽作用。受辐射后还可发生交联、断链、形成不饱和基团等反应。

二、聚丙烯（PP）

聚丙烯（polypropylene，PP）是丙烯通过加聚反应而成的聚合物，系白色蜡状材料，外观透明而轻，化学式为$(C_3H_6)_n$，密度为0.89~0.91 g/cm^3，易燃，熔点为164~170 ℃，在155 ℃左右软化，使用温度范围为-30~140 ℃。在80 ℃以下能耐酸、碱、盐液及多种有机溶剂的腐蚀，能在高温和氧化作用下分解。PP是一种性能优良的热塑性合成树脂，为无色半透明的热塑性轻质通用塑料，具有耐化学性、耐热性、电绝缘性、高强度机械性能和良好的高耐磨加工性能等，广泛应用于服装、毛毯等纤维制品、医疗器械、汽车、自行车、零件、输送管道、化工容器等，也用于食品、药品包装。具有以下理化特点。

(1) 无嗅、无味、无毒，是常用树脂中最轻的一种。

(2) 优异的力学性能，包括拉伸强度、压缩强度和硬度，突出的刚性和耐弯曲疲劳性能，由PP制作的活动铰链可承受7×10^7次以上的折叠弯曲而不破坏，低温下冲击强度较差。PP的拉伸强度一般为21~39 MPa，弯曲强度为42~56 MPa，压缩强度为39~56 MPa，断裂伸长率为200%~400%，缺口冲击强度为2.2~5 kJ/m^2，低温缺口冲击强度为1~2 kJ/m^2。洛氏硬度为HR95~HR105。

(3) 耐热性良好，连续使用温度可达110~120℃。

(4) 化学稳定性好，除强氧化剂外，与大多数化学药品不发生作用；在室温下普通溶剂不能溶解PP，只有一些卤代化合物、芳香烃和高沸点脂肪烃能使之溶胀，耐水性特别好。

(5) 电性能优异，耐高频电绝缘性好，在潮湿环境中也具有良好的电绝缘性。

(6) 由于PP的主链上有许多带甲基的叔碳原子，叔碳原子上的氢易受到氧的攻击，因此PP的耐候老化性差，必须添加抗氧剂或紫外线吸收剂。

(7) 小鼠以8 g/kg剂量灌胃1~5次，未引起明显中毒症状。大鼠吸入PP加热至210~220℃时的分解产物30次，每次2 h，出现眼黏膜及上呼吸道刺激症状。与PE相同，禁止用其再生制品盛装食品。

三、聚碳酸酯（PC）

聚碳酸酯（polycarbonate，PC）又称PC塑料，是分子链中含有碳酸酯基的高分子聚合物，根据酯基的结构可分为脂肪族、芳香族、脂肪族-芳香族等多种类型。其中脂肪族和脂肪族-芳香族PC的机械性能较低，从而限制了其在工程塑料方面的应用。主要有以下的理化特点。

PC是碳酸的聚酯类，碳酸本身并不稳定，但其衍生物（如光气、尿素、碳酸盐、碳酸酯）都有一定稳定性。按醇结构的不同，可将PC分成脂肪族和芳香族两类。脂肪族PC，如聚亚乙基碳酸酯，聚三亚甲基碳酸酯及其共聚物，熔点和玻璃化温度低，强度差，不能用作结构材料；但利用其生物相容性和生物可降解的特性，可在药物缓释放载体、手术缝合线、骨骼支撑材料等方面获得应用。PC耐弱酸、弱碱、中性油，不耐紫外光，不耐强碱。PC是一种线型碳酸聚酯，分子中碳酸基团与另一些基团交替排列，这些基团可以是芳香族，可以是脂肪族，也可两者皆有。双酚A型PC是最重要的工业产品。PC是几乎无色的玻璃态的无定形聚合物，有很好的光学性。PC高分子量树脂有很高的韧性，悬臂梁缺口冲击强度为600~900 J/m^2，未填充牌号的热变形温度大约为130℃，玻璃纤维增强后可使这个数值增加10℃。弯曲模量可达2 400 MPa以上，树脂可加工制成大的刚性制品。低于100℃时，在负载下的蠕变率很低。耐水解性差，不能用于重复经受高压蒸汽的制品。PC主要性能缺陷是耐水解稳定性不够高，对缺口敏感，耐有机化学品性差，耐刮痕性较差，长期暴露于紫外线中会发黄，和其他树脂一样，PC容易受某些有机溶剂的侵蚀。PC材料具有阻燃性。

PC的密度是1.18~1.22 g/cm^3，线膨胀率为3.8×10^{-5} cm/℃，热变形温度为135℃，低温-45℃时，PC无色透明，耐热，抗冲击，阻燃BI级，在普通使用温度内都有良好的力学性能。与聚甲基丙烯酸甲酯相比，PC的耐冲击性能好，折射率高，加工性能好，不需要添加剂就具有UL94 V-2级阻燃性能。但是聚甲基丙烯酸甲酯相对PC价格较低，并可通过本体聚合的方法生产大型的器件。材料的耐磨性是相对的，将ABS材料与PC材料进行比较，则PC材料耐磨性比较好。但是相对于大部分的塑胶材料，PC的耐磨性较差，处于中下水平，所以一些用于易磨损用途的PC器件需要对其表面进行特殊处理。

四、聚苯乙烯（PS）

聚苯乙烯（polystyrene，PS）是指由苯乙烯单体经自由基加聚反应合成的聚合物，化学式是$(C_8H_8)_n$，其是一种无色透明的热塑性塑料，具有高于100 ℃的玻璃转化温度，因此经常被用来制作各种需要承受开水的温度的一次性容器，以及一次性泡沫饭盒等。

PS一般为头尾结构，主链为饱和碳链，侧基为共轭苯环，分子结构不规整，增大了分子的刚性，为非结晶性的线型聚合物。由于苯环的存在，PS具有较高的玻璃化转变温度T_g（80~105 ℃），因此在室温下是透明而坚硬的，由于分子链的刚性，易引起应力开裂。

PS无色透明，能自由着色，相对密度也仅次于PP、PE，具有优异的电性能，特别是高频特性好，次于F-4、PPO。另外，在光稳定性方面仅次于甲基丙烯酸树脂，但抗放射线能力是所有塑料中最强的。PS最重要的特点是熔融时的热稳定性和流动性非常好，所以易成型加工，特别是注塑成型容易，适合大量生产。成型收缩率小，成型品尺寸稳定性也好。

PS分子及其聚集态结构决定其为刚硬的脆性材料，在应力作用下表现为脆性断裂。

PS的特性温度：脆化温度-30 ℃左右、玻璃化温度80~105 ℃、熔融温度140~180 ℃、分解温度300 ℃以上。由于PS的力学性能随温度的升高明显下降、耐热性较差，因而连续使用温度为60 ℃左右，最高不宜超过80 ℃。导热率低，为0.04~0.15 W/(m·K)，几乎不受温度而变化，具有良好的隔热性。

PS具有良好的电性能，体积电阻率和表面电阻率分别高达10^{16}~10^{18} Ω·cm和10^{15}~10^{18} Ω·cm。介电损耗角正切值极低，并且不受频率和环境温度、湿度变化的影响，是优异绝缘材料。

PS具有优良的光学性能，透光率达88%~92%，折射率为1.59~1.60，可以透过所有波长的可见光，在透明性塑料材料中仅次于有机玻璃等丙烯酸类聚合物。但因为PS耐候性较差，长期使用或存放时受阳光、灰尘作用，会出现浑浊、发黄等现象，所以用PS制作光学部件等高透明制品时需考虑加入适当品种和用量的防老剂。

PS耐各种碱、盐及水溶液，对低级醇类和某些酸类（如硫酸、磷酸、硼酸、质量分数为10%~30%的盐酸、质量分数为1%~25%的醋酸、质量分数为1%~90%的甲酸）也是稳定的，但是浓硝酸和其他氧化剂能使其破坏。

PS能溶于许多与其溶度参数相近的溶剂中，如丙酮、四氯乙烷、苯乙烯、苯、氯仿、二甲苯、甲苯、四氯化碳、甲乙酮、酯类等，不溶于矿物油、脂肪烃、乙醚、苯酚等，但能被它们溶胀。许多非溶剂物质，如高级醇类和油类，可使PS产生应力开裂或溶胀。

PS在热、氧及大气条件下易发生老化现象，造成大分子链的断裂和显色，当体系中含有微量单体、硫化物等杂质时更易老化，因此，PS制品在长期使用中会变黄发脆。

五、丙烯腈-丁二烯-苯乙烯共聚物（ABS）

丙烯腈-丁二烯-苯乙烯共聚物（ABS）塑料是丙烯腈（A）、丁二烯（B）、苯乙烯（S）三种单体的三元共聚物，三种单体相对含量可任意变化，制成各种树脂。ABS塑料兼有三种组元的共同性能，A 使其耐化学腐蚀、耐热，并有一定的表面硬度，B 使其具有高弹性和韧性，S 使其具有热塑性塑料的加工成型特性并改善电性能。因此 ABS 塑料是一种原料易得、综合性能良好、价格便宜、用途广泛的"坚韧、质硬、刚性"材料。ABS 塑料在机械、电气、纺织、汽车、飞机、轮船等制造工业及化工中获得了广泛应用。

  塑料 ABS 树脂是产量最大、应用最广泛的聚合物，其将 PB、PAN、PS 的各种性能有机地统一起来，兼具韧、硬、刚相均衡的优良力学性能。大部分 ABS 是无毒的，不透水，但略透水蒸气，吸水率低，室温浸水一年吸水率不超过 1%，而物理性能不起变化。ABS 树脂制品表面可以抛光，能得到高度光泽的制品。比一般塑料的强度高 3~5 倍。ABS 具有优良的综合物理和力学性能，较好的低温抗冲击性能。尺寸稳定性、电性能、耐磨性、抗化学药品性、染色性、成品加工和机械加工较好。ABS 树脂耐水、无机盐、碱和酸类，不溶于大部分醇类和烃类溶剂，而容易溶于醛、酮、酯和某些氯代烃。ABS 树脂热变形温度低，可燃，耐热性较差。熔融温度在 217~237 ℃，热分解温度在 250 ℃以上。如今的市场上改性 ABS 材料，很多都是掺杂了水口料、再生料，导致成型产品性能不稳定。
（1）物料性能：综合性能较好，冲击强度较高，化学稳定性，电性能良好；与 372 有机玻璃的熔接性良好，制成双色塑件，且可表面镀铬，喷漆处理；有高抗冲、高耐热、阻燃、增强、透明等级别；流动性比 HIPS 差一点，比 PMMA、PC 等好，柔韧性好；适于制作一般机械零件、减磨耐磨零件、传动零件和电信零件。（2）成型性能：无定形材料，流动性中等，吸湿大，必须充分干燥，表面要求光泽的塑件需长时间预热干燥 80~90 ℃，3 h；宜取高料温，高模温，但料温过高易分解（分解温度为>270 ℃）；对精度较高的塑件，模温宜取 50~60 ℃，对高光泽、耐热塑件，模温宜取 60~80 ℃；如需解决夹水纹，需提高材料的流动性，采取高料温、高模温，或者改变入水位等方法；如成型耐热级或阻燃级材料，生产 3~7 天后模具表面会残存塑料分解物，导致模具表面发亮，需对模具及时进行清理，同时模具表面需增加排气位置；冷却速度快，模具浇注系统应以粗、短为原则，宜设冷料穴，浇口宜取大，如直接浇口、圆盘浇口或扇形浇口等，但应防止内应力增大，必要时可采用调整式浇口。模具宜加热，应选用耐磨钢；料温对塑件质量影响较大，料温过低会造成缺料，表面无光泽，银丝紊乱，料温过高易溢边，出现银丝暗条，塑件变色起泡；模温对塑件质量影响很大，模温低时收缩率、伸长率、抗冲击强度均较大，抗弯、抗压、抗张强度低。模温超过 120 ℃时，塑件冷却慢，易变形粘模，脱模困难，成型周期长；成型收缩率小，易发生熔融开裂，产生应力集中，故成型时应严格控制成型条件，成型后塑件宜退火处理；熔融温度高，黏度高，对剪切作用不敏感，对大于 200 g 的塑件，应采用螺杆式注塑机，喷嘴应加热，宜用开畅式延伸式喷嘴，注塑速度为中高速。

任务工单

任务名称		组别	组员：

一、任务描述
  学习塑料的组成、发展与分类，以及其在不同领域中的应用。

续表

二、实施（完成工作任务）			
工作步骤	主要工作内容	完成情况	问题记录

三、检查（问题信息反馈）		
反馈信息描述	产生问题的原因	解决问题的方法

四、评估（基于任务完成的评价）

1. 小组讨论，自我评述任务完成情况、出现的问题及解决方法，小组共同给出改进方案和建议。
2. 小组准备汇报材料，每组选派一人进行汇报。
3. 教师对各组完成情况进行评价。
4. 整理相关资料，完成评价表

指导教师评语：

任务完成人签字：　　　　　　　　　　　　　　　日期：　　　年　　月　　日
指导教师签字：　　　　　　　　　　　　　　　　日期：　　　年　　月　　日

参 考 文 献

[1] 张玉龙，石磊. 塑料品种与选用［M］. 北京：化学工业出版社，2012.
[2] 迪特里希·布劳恩. 塑料简易鉴别方法［M］. 任冬云，译. 北京：化学工业出版社，2014.
[3] ROSATO D V，ROSATO M G，SCHOTT N R. Plastics Technology Handbook：Volume1 Thermoforming ［M］. 哈尔滨：哈尔滨工业大学出版社，2015.
[4] 乌尔夫·布鲁德. 塑料使用指南［M］. 罗婷婷，译. 北京：化学工业出版社，2019.
[5] 贾润礼，梁丽华. 通用塑料工程化改性及其应用［M］. 北京：化学工业出版社，2016.
[6] 童忠良，陈海涛，欧玉春. 化工产品手册：树脂与塑料［M］. 6版. 北京：化学工业出版社，2016.

项目 2　注塑模具

项目引入

本项目旨在帮助更好地了解和掌握塑料制品的设计、制造和使用。注塑模具是塑料制品生产中不可或缺的一部分，其决定了塑料制品的形状、大小和结构。通过对注塑模具的学习，可以更好地理解塑料制品的设计原则和制造方法，从而提高设计能力和制造技能。产品设计也是学习注塑模具的一个重要方面。通过对产品设计的了解，可以更好地理解塑料制品的外观、功能和使用方式，从而更好地满足用户的需求。同时，产品设计也可以帮助我们更好地理解市场和用户需求，为我们的学习和未来的职业发展打下坚实的基础。

项目目标

（1）了解注塑模具的含义。
（2）了解注塑模具的分类与典型结构。
（3）了解产品设计对注塑成型的影响。
（4）了解模具设计与加工对注塑成型的影响。

任务 1　注塑模具简介

【任务描述】

通过该任务的学习，了解注塑模具的基本含义、分类及典型结构，掌握产品设计的基本流程和方法，同时，了解设计与加工对注塑成型的影响。

【知识链接】

模具的基本结构和设计原理、产品设计的基本流程和方法、模具的加工和制造工艺。

注塑模具是一种常见的制造工具，主要用于制造塑料注塑成型产品，由高精度的模具和模具支架组成，用于制造各种形状和尺寸的塑料制品，如塑料杯子、塑料板、塑料玩具、汽车零部件等。在注塑成型工艺中，模具被注入熔化的塑料中，然后通过冷却过程固化并形成所需的塑料制品。注塑模具在现代制造业中扮演着至关重要的角色。注塑模具的设计和制造需要较高的精确度和技术水平。这是因为注塑成型的塑料制品必须满足精确的尺寸和形状要求，并且必须具有高质量的表面和尺寸精度。如果模具的精度不足，将会导致生产的塑料制品存在尺寸偏差、表面粗糙、损伤和其他问题，影响产品质量和生产效率。

注塑模具通常由两个主要部分组成：模具和模具支架。模具是一种具有中空腔的钢块，具有所需产品的设计形状和尺寸的空间。模具通常由高质量的钢材制成，经过多次精密加工而成，以确保其表面光滑、平整，并且与其他模具零件之间的配合精度非常高。模具支架则用于支撑和保持模具的形状。模具支架通常由钢铁和铝合金制成，具有强大的刚性和稳定性，以保持模具的正确位置和形状。模具支架还必须能够承受高压注塑工艺所需的巨大压力和振动。注塑模具的制造过程是一个复杂的工程，需要多种不同的工艺步骤。首先，需要进行模具设计和制造计划，确定所需的材料和工具。其次，根据设计图纸和规格，进行精密加工和组装。制造过程包括机加工、钳工、热处理、电火花加工、磨削和抛光等环节。制造过程需要较高的技术水平和精密加工设备，如高精度机床、CNC 加工中心、线切割机、数控磨床等。

在注塑成型过程中，注塑模具起到了至关重要的作用。首先，必须将模具放入注塑机中，并通过加热将塑料熔化。其次，通过高压将熔化的塑料注入模具的空腔中。然后，通过冷却将熔化的塑料固化，并在模具中形成所需的塑料制品。最后，通过打开注塑机的模具，将成型的塑料制品从模具中取出。

注塑模具具有很多优点。首先，可以制造出高精度、高质量和复杂的塑料制品。其次，注塑成型过程比其他成型工艺更加快速和高效，可以大大提高生产效率。最后，注塑成型过程还可以实现自动化生产，减少人力成本和人为误差。注塑模具在很多不同的领域中得到广泛应用，如汽车、医疗器械、电子、家电、航空航天等。在汽车制造业中，注塑模具可以用于制造汽车零部件，如门把手、仪表盘、座椅等。在医疗器械领域中，注塑模具可以用于制造医疗器械，如注射器、输液器、手术器械等。在电子领域中，注塑模具可以用于制造电子产品外壳，如手机外壳、计算机外壳等。

总之，注塑模具是现代制造业中不可或缺的工具之一。其可以制造高质量、高精度和复杂的塑料制品，并且可以实现高效的自动化生产，提高生产效率和降低成本。随着制造技术的不断进步和注塑模具的不断发展，注塑成型工艺将在更广泛的领域中得到应用。

任务 2 注塑模具的分类与典型结构

【任务描述】

通过该任务的学习，熟悉注塑模具的分类与典型结构，为更好地理解塑料制品的设计原则和制造方法奠定基础。

【知识链接】

一、注塑模具分类

注塑模具的分类方法很多。例如，可按安装方式、型腔数目和结构特征等进行分类，但是从模具设计的角度上看,按注塑模具的总体结构特征分类最为方便。一般可将注塑模具分为以下几类。

1. 单分型面注塑模具

单分型面注塑模具又称两板式模具,是注塑模具中最简单且最常用的一类。据统计,两板式模具约占全部注塑模具的70%。如图2.1所示的单分型面注塑模具,型腔的一部分(型芯)在动模板上,另一部分(凹模)在定模板上。主流道设在定模一侧,分流道设在分型面上。开模后由于动模上拉料杆的拉料作用及制品因收缩包紧在型芯上,制品连同流道在内的凝料一起留在动模一侧,动模上设置推出机构,用以推出制品和流道内的凝料。

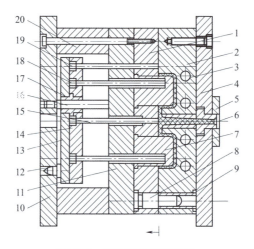

图 2.1 单分型面注塑模具

1—动模板;2—定模板;3—冷却水道;4—定模座板;5—定位圈;6—浇口套;7—凸模;
8—导柱;9—导套;10—动模座板;11—支承板;12—限位柱;13—推板;14—推杆固定板;
15—拉料杆;16—推板导柱;17—推板导套;18—推杆;19—复位杆;20—垫块

单分型面注塑模具结构简单、操作方便,但是除采用直接浇口之外,型腔的浇口位置只能选择在制品侧面。

2. 双分型面注塑模具

双分型面注塑模具以两个不同的分型面分别取出流道内的凝料和塑料制品,与两板式的单分型面注塑模具相比,其定模板可以移动,且常在定模板与定模座板之间增加一块可以移动的中间板(又名流道板),故又称三板式模具。图2.2所示为典型的双分型面注塑模具。从图中可见,在开模时由于定距拉板的限制,定模板13与定模座板14作定距离的分开,以便取出这两块板之间流道内的凝料,在定模板与推件板分开后,利用推件板5将包紧在型芯上的制品脱出。

双分型面注塑模具能在制品的中心部件设置点浇口,但制造成本较高、结构复杂,需要较大的开模行程,故较少用于大型塑料制品的注塑。

3. 带有活动镶件的注塑模具

由于塑料制品的复杂结构,无法通过简单的分型从模具内取出制品,这时可在模具中设置活动镶件和活动的侧向型芯或半块(哈夫块),如图2.3所示。开模时这些活动部件不能简单地沿开模方向与制品分离,而是在脱模时必须将其连同制品一起移出模外,然后用手工或简单工具将其与制品分开。当将这些活动镶件装入模具时还应可靠地定位,因此这类模具的生产效率不高,常用于小批量的试生产。

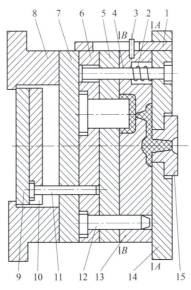

图 2.2　双分型面注塑模具

1—定距拉板；2—弹簧；3—限位销；4—导柱；5—推件板；6—型芯固定板；
7—动模垫板；8—动模座板；9—推板；10—推出固定板；11—推杆；
12—导柱；13—定模板；14—定模座板；15—主流道衬套

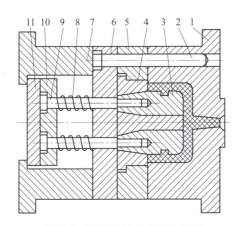

图 2.3　带活动镶件的注塑模具

1—定模板；2—导柱；3—活动镶件；4—型芯；5—动模板；6—动模垫板；
7—动模底座；8—弹簧；9—推杆；10—推出固定板；11—推板

4. 带侧向分型抽芯的注塑模具

当塑料制品上有侧孔或侧凹时,在模具内可设置由斜导柱或斜滑块等组侧向分型抽芯机构,它能使侧型芯作横向移动。图 2.4 所示为一斜导柱带动抽芯的注塑模具。在开模时,斜导柱利用开模力带动侧型芯横向移动,使侧型芯与制品分离,然后推杆就能顺利地将制品从型芯上推出。除斜导柱、斜滑块等机构利用开模力作侧向抽芯外，还可以在模具中装设液压缸或气压缸带动侧型芯做侧向分型抽芯动作，这类模具广泛运用在有侧孔或侧凹的塑料制品的大批量生产中。

5. 自动卸螺纹的注塑模具

当要求能自动脱卸带有内螺纹或外螺纹的塑料制品时，可在模具中设置转动的螺纹型芯或型环，利用机械的旋转运动或往复运动，将螺纹制品脱出；或者用专门的驱动和传动机构，带动螺纹型芯或型环转动，将螺纹制品脱出。自动卸螺纹的注塑模具如图2.5所示，该模具用于直角式注塑机，螺纹型芯由注塑机开合模的丝杠带动旋转，以便与制品脱离。

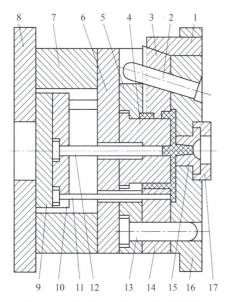 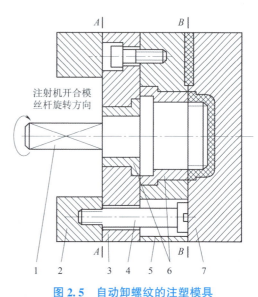

图2.4 带侧向分型抽芯的注塑模具

1—楔紧块；2—斜导柱；3—斜滑块；4—型芯；
5—固定板；6—动模垫板；7—垫块；
8—动模座板；9—推板；10—推固板；
11—推杆；12—拉料杆；13—导柱；
14—动模板；15—主流道衬套；
16—定模板；17—定位圈

图2.5 自动卸螺纹的注塑模具

1—螺纹型芯；2—模座；3—动模垫板；
4—定距螺钉；5—动模板；
6—衬套；7—定模板

6. 推出机构设在定模的注塑模具

一般当注塑模具开模后，塑料制品均留在动模一侧，故推出机构也设在动模一侧，这种形式是最常用、最方便的，因为注塑机的推出液压缸就在动模一侧。但有时由于制品的特殊要求或形状的限制，制品必须留在定模内，这时就应在定模一侧设置推出机构，以便将制品从定模内脱出，定模一侧的推出机构一般由动模通过拉板或链条驱动。如图2.6所示的塑料衣刷注塑模具，由于制品的特殊形状，为了便于成型采用了直接浇口，开模后制品滞留在定模上，因此在定模一侧设有推件板7，开模时由设在动模一侧的拉板8带动推件板7，将制品从定模中的型芯11上强制脱出。

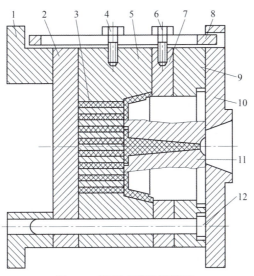

图 2.6　塑料衣刷注塑模具

1—模底座；2—动模垫板；3—成型镶片；4，6—螺钉；5—动模；7—推件板；
8—拉板；9—定模板；10—定模座板；11—型芯；12—导柱

7. 无流道凝料注塑模具

无流道凝料注塑模具简称无流道注塑模具。这类模具包括热流道和绝热流道模具，其通过采用对流道加热或绝热的办法来使从注塑机喷嘴到浇口处之间的塑料保持熔融状态，这样，在每次注塑后流道内均没有塑料凝料，不仅提高了生产率，节约了塑料，还保证了注射压力在流道中的传递，有利于改善制品的质量。此外，无流道凝料注塑模具还易实现全自动操作。这类模具的缺点是模具成本高，浇注系统和控温系统要求高，对制品形状和塑料有一定的限制。图 2.7 所示为两型腔热流道注塑模具。

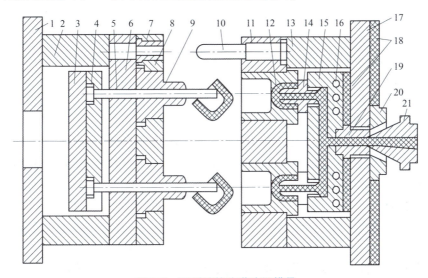

图 2.7　两型腔热流道注塑模具

1—动模座板；2—垫板；3—推板；4—推出固定板；5—推杆；6—动模垫板；7—导套；8—动模板；9—型芯；
10—导柱；11—定模板；12—凹模；13—支架；14—喷嘴；15—热流道板；16—加热器孔道；17—定模座板；
18—绝热层；19—主流道衬套；20—定位圈；21—注塑机喷嘴

二、注塑模具典型结构

注塑模具由动模和定模两部分组成,动模安装在注塑机(简称注塑机)的移动模板上,定模安装在注塑机的固定模板上。在注塑时动模与定模闭合构成浇注系统和型腔,开模时动模与定模分离以便取出塑料制品。图2.8所示为典型的单分型面注塑模具结构,根据模具中各个部件所起的作用,一般可将注塑模具细分为以下几个基本组成部分。

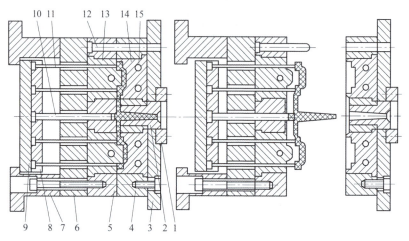

图 2.8 典型的单分型面注塑模具

1—定位圈;2—主流道衬套;3—定模座板;4—定模板;5—动模板;6—动模垫板;
7—动模座板;8—推出固定板;9—推板;10—拉料杆;11—推杆;12—导柱;
13—型芯;14—凹模;15—冷却水通道

(1)成型部件。成型部件由型芯和凹模组成。型芯形成制品的内表面形状,凹模形成制品的外表面形状。合模后型芯和凹模便构成了模具的型腔,如图2.8所示,该模具的型腔由件13和件14组成。按工艺和制造的要求,有时型芯或凹模由若干拼块组合而成,有时做成整体,仅在易损坏、难加工的部位采用镶件。选作型芯或凹模的钢材,要求有足够的强度、表面耐磨性,有时还需要有耐腐蚀性,并且淬火后的变形量要小,故常采用合金结构钢或合金工具钢。当要求较低或批量较小时也可选用中碳钢或碳素工具钢来制造简单的型芯和凹模。

(2)浇注系统。浇注系统又称流道系统,它是将塑料熔体由注塑机喷嘴引向型腔的一组进料通道,通常由主流道、分流道、浇口和冷料穴组成。浇注系统的设计十分重要,其直接关系塑料制品的成型质量和生产效率。

(3)导向部件。为了确保动模与定模在合模时能准确对中,在模具中必须设置导向部件。在注塑模具中通常采用四组导柱与导套组成导向部件,有时还需在动模和定模上分别设置互相吻合的内、外锥面辅助定位。为了避免在制品推出过程中推板发生歪斜,一般在模具的推出机构中设有使推板保持水平运动的导向部件,如导柱与导套。

(4)推出机构。在开模过程中,需要有推出机构将塑料制品及其在流道内的凝料推出或拉出。例如,在图2.8中,推出机构由推杆11、推出固定板8、推板9及主流道的拉料杆10组成。推出固定板和推板用以夹持推杆。在推板中一般还固定有复位杆,复位杆在动、定模合模时使推板复位。

（5）调温系统。为了满足注射工艺对模具温度的要求，需要有调温系统对模具的温度进行调节。对于热塑性塑料用注塑模具，主要是设计冷却系统使模具冷却。模具冷却的常用办法是在模具内开设冷却水通道，利用循环流动的冷却水带走模具的热量；模具的加热除可以利用冷却水通道通热水或蒸汽外，还可以在模具内部和周围安装电加热元件。

（6）排气槽。排气槽用以将成型过程中型腔的气体充分排除。常用的办法是在分型面处开设排气沟槽。由于分型面之间存在微小的间隙，对于较小的塑料制品，因其排气量不大，可直接用分型面排气，不必开设排气沟槽，一些模具的推杆或型芯与模具的配合间隙均可起到排气作用，不必另外开设排气沟槽。

（7）侧抽芯机构。有些带有侧凹或侧孔的塑料制品，在被推出以前必须先进行侧向分型，抽出侧向型芯后方能顺利脱模，此时需要在模具中设置侧抽芯机构。

（8）标准模架。为了减少繁重的模具设计与制造工作量，注塑模具大多采用了标准模架结构，例如，图2.8中的定位圈1、定模座板3、定模板4、动模板5、动模垫板6、动模座板7、推出固定板8、推板9、推杆11、导柱12等都属于标准模架中的零部件，都可以从有关厂家订购。

任务3　注塑产品设计

【任务描述】

通过该任务的学习，了解注塑产品设计的注意事项与基本原则。

【知识链接】

一、壁厚设计

在塑胶件的结构设计中，壁厚是首先要考虑的结构参数，其会对塑胶件的机械性能、成型性、外观、成本有很大的影响。因此壁厚应基于以下三点因素进行设计。

（1）基于机械性能原则。在壁厚设计时，需要考虑产品尺寸和强度，一般来说，壁厚越厚，零件强度越好（壁厚增加10%，强度增加约33%）。当零件壁厚超过一定范围时，由于缩水和气孔等质量问题的产生，增加零件壁厚反而会降低零件强度，且重量会更重，注塑周期、材料成本都会增加。因此需要平衡强度和成型性，最好利用几何特征增加刚度，如肋、曲线、波纹面、加强筋等。但部分零件由于空间等因素的限制，其强度主要是通过壁厚来实现，在这种情况下，如果强度是一个重要的考量因素，建议通过力学仿真来确定一个合适的壁厚。

（2）均匀性原则。注塑件产品壁厚应尽量均匀，厚薄尽量控制在壁厚的50%以内。整个注塑件产品的最小壁厚不得小于0.6 mm，否则会粘模，导致出模不好。同时注意塑胶件壁厚与壁薄的地方均匀过渡。在注塑成型时，壁厚和壁薄的区域冷却速度不一致。壁薄的区域先冷却固化；壁厚的地方后冷却固化，冷却的过程伴随着收缩，于是在塑胶件表面产生缩水或者内部产生缩孔等缺陷，如图 2.9 所示。

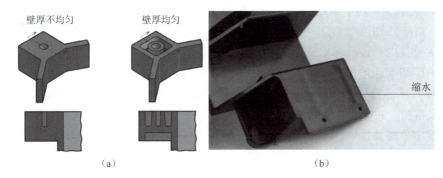

图 2.9 塑胶件壁厚示意图

(a) 不同壁厚示意图；(b) 表面的缩水缺陷

（3）基于成型性原则。注塑过程中，熔融的树脂与流道壁（模具型腔壁）接触，使紧贴流道壁（或模具型腔壁）的流层最先被冷却固化，速度为零，从而对和它相邻的液体层产生摩擦阻力。随着冷却时间的推移，固化层逐渐增厚，流动层的横截面积会逐渐减小，填充越来越困难，此时需要增大注塑压力，推动熔体进入模腔以完成充填。因此除了考虑壁厚的影响之外，还需考虑熔体流动的难易程度。在实际应用中，一般采用熔融指数来表征塑胶材料在加工中的流动性，其值越大，表示该塑胶材料的加工流动性越佳，反之越差。流动性好的塑胶，更容易填充满模具型腔，特别是对于结构复杂的注塑件。

二、加强筋设计

加强筋是塑胶件设计中必不可少的一个特征，用于提高零件强度、作为流道辅助塑胶熔料的流动，以及在产品中为其他零件提供导向、定位和支撑等功能。加强筋的设计参数包括加强筋的厚度、高度、脱模斜度、根部圆角及加强筋与加强筋之间的间距等。加强筋设计应该注意以下几点。

（1）加强筋的厚度不应该超过塑胶零件厚度的 50%~60%。

加强筋的厚度太厚，容易造成零件表面缩水和带来外观质量问题。加强筋的厚度太薄，零件注射困难，而且对零件的强度增加作用有限。为了防止零件表面缩水（特别是外观要求较高的零件），常用塑胶材料加强筋厚度与壁厚比值不应该超过表 2.1 中的数值。对产品内部零件或者外观要求不高的零件，为了提高强度，加强筋的厚度可以大于表 2.1 中数值甚至接近零件的壁厚，调整浇口的位置让加强筋靠近浇口，调整注射工艺参数能够降低零件表面缩水程度。对于薄壁塑胶件（零件厚度小于 1.5 mm），加强筋的厚度可以超过表 2.1 中比值，甚至等于零件壁厚。加强筋厚度越薄，表面缩水程度越小。

表 2.1 常用的塑胶材料加强筋与壁厚比值

塑胶材料	最小的缩水/%	较小的缩水/%
PC	50	66

续表

塑胶材料	最小的缩水/%	较小的缩水/%
ABS	40	60
PC/ABS	50	50
PA	30	40
PA（玻璃纤维增强）	33	50
PBT	30	50
PBT（玻璃纤维增强）	33	50

(2) 加强筋的高度不能超过塑胶零件厚度的 3 倍。

为了提高零件的强度，加强筋的高度越高越好。但加强筋的高度太高，零件注射困难，很难充满，特别是当加强筋增加脱模斜度后，加强筋的顶部尺寸变得很小时。加强筋的高度一般不超过塑胶件壁厚的 3 倍，即 $H \leqslant 3T$。同时注意，加强筋与加强筋之间的间距至少为塑胶件壁厚的 2 倍，以保证加强筋的充分冷却，即 $S \geqslant 2T$。

(3) 加强筋根部圆角和脱模斜度。

加强筋的根部需要增加圆角避免应力集中及增加塑胶熔料流动性，圆角的大小一般为零件壁厚的 0.25~0.50 倍，即 $R = 0.25T \sim 0.50T$。为了保证加强筋能从模具中顺利脱出，加强筋需要一定的脱模斜度，一般为 0.5°~1.5°。斜度太小，加强筋脱模困难，脱模时容易变形或刮伤；斜度太大，加强筋的顶部尺寸太小，注射困难，强度低。

(4) 加强筋的设计需要遵守均匀壁厚原则。

加强筋与加强筋连接处、加强筋与零件壁连接处添加圆角后，很容易造成零件壁厚局部过厚，容易造成零件表面缩水。此时可在局部壁厚处做挖空处理，保持零件均匀壁厚，避免零件表面缩水的发生，如图 2.10 所示。加强筋顶端应避免直角的设计，在注射过程中，直角的设计很容易造成顶端困气，带来注射困难和产生注射缺陷。

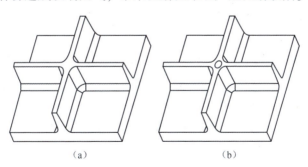

图 2.10 避免局部壁厚过厚
(a) 原始设计；(b) 改进设计

综上所述，加强筋设计对注塑成型的影响主要体现在提高产品强度和刚度、减少材料用量、提高注塑填充速度、影响收缩率和影响模具设计和制造难度等方面。因此，在产品设计阶段需要充分考虑这些因素，进行优化设计，以提高注塑成型的效率和产品质量。

三、圆角设计

圆角设计对注塑成型的影响主要体现在充模过程、应力集中、减少翘曲和变形及降低生产成本等方面。因此，在注塑模具的设计和制造中，应该根据产品的实际需要选择合适的圆角大小，以提高产品的成型质量和稳定性，同时降低模具的加工难度和生产成本。

圆角的设计可以避免在尖角等处产生应力集中。在设计塑胶件时，对于壁与壁的连接处、在塑胶熔料流动的方向、壁与加强筋或卡扣或支柱的连接处等，都应当避免尖角、直角或缺口的设计，需要把尖角等改成圆角。这是因为塑胶件形状和截面的变化，使注塑过程中塑胶熔料在尖角处的流态发生急剧变化而产生大的应力，而且残留在尖角处，容易导致塑胶件在受力状况下失效。

四、拔模角设计

拔模斜度是针对模具进行设计的角度，确切地讲，是模具平行出模方向上成型部分的面的出模角度。拔模角设计对注塑成型的影响主要体现在脱模效果、美观度、结构完整性和成本影响等方面。因此，在注塑模具的设计和制造中，应该根据产品的实际需要选择合适的拔模角大小，以提高产品的成型质量和稳定性，同时降低模具的加工难度和制造成本。针对拔模斜度，目前有两种主流做法。

（1）结构工程师需要在零件设计阶段完善所有面拔模。

该做法可以保证结构无干涉，装配间隙、尺寸偏差等设计要求不会发生改变，保证零件质量。但要求结构工程师有丰富的模具经验，否则设计的拔模斜度不一定能够顺利出模。由于所有面都需要拔模，花费时间会较长。而且拔模后，原来垂直的面变成斜面，对后续结构修改造成不便。

（2）结构工程师和模具工程师分工合作。

结构工程师只负责把外观面、关键装配面拔模，其他无关紧要的面留到模具设计阶段由模具工程师根据经验拔模，保证零件质量但需要二者的密切配合。

拔模斜度最终是体现在模具上，分为前模面拔模斜度和后模面拔模斜度，它们主要以分型面为界进行区分，分型面把模仁分成前模和后模，前模上与出模方向平行的面需要设计的拔模斜度称为前模面拔模斜度，反之称为后模面拔模斜度，另外，模具如果存在侧抽芯（斜顶和滑块），相应称为斜顶面拔模斜度和滑块面拔模斜度，其拔模方向是以滑块运动的方向为准，如图2.11所示。

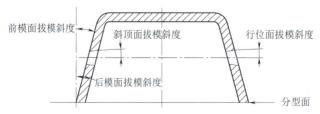

图 2.11　拔模斜度分型面

任务 4　模具设计

【任务描述】

通过该任务的学习,了解各类模具结构的设计方法。

【知识链接】

一、浇注系统设计

图 2.12 所示为卧式注塑机用注塑模具的普通流道浇注系统,其由主流道、分流道、浇口、冷料穴四部分组成。浇注系统的作用是保证来自注塑机喷嘴的塑料熔体平稳而顺利地充模、压实和保压。

(一) 主流道和冷料穴的设计

由于主流道要与高温塑料熔体及注塑机喷嘴反复接触,因此在注塑模具中主流道部分常设计成可拆卸、更换的主流道衬套,如图 2.13 所示。

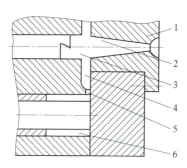

图 2.12　普通流道浇注系统

1—主流道衬套；2—主流道；3—冷料穴；
4—分流道；5—浇口；6—型腔

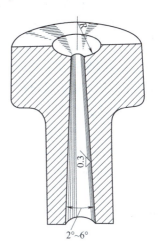

图 2.13　主流道衬套

在卧式或立式注塑机上使用的注塑模具中,主流道垂直于模具分型面。为了使塑料凝料能从主流道中顺利拔出,需将主流道设计成圆锥形,具有 2°~6° 的锥角,内壁有 0.8 μm 以下的表面粗糙度,小端直径常为 4~8 mm,注意小端直径应大于喷嘴直径约 1 mm,否则主流道中的凝料无法拔出,图中凹坑半径 R 也应比喷嘴头半径大 1~2 mm,以便凝料顺利拔出。由于尖锐的拐角不利于熔体的流动,因此在主流道的根部拐角处需增加 1~2 mm 的圆角。

在直角式注塑机上使用的模具中，因主流道开设在分型面上，故不需要沿着轴线方向拔出主流道内的凝料，主流道可以设计成等粗的圆柱形。

为了拆卸更换方便，模具的定位圈常与主流道衬套分开设计，如图2.14所示。

由于主流道衬套会在产品上留下痕迹，因此主流道衬套的直径应当尽量小。较小的直径还可以减小熔融塑料在其底部产生的压力。

当主流道下方是圆形的分流道时，需要在主流道衬套上加工出分流道的半圆，这时不允许主流道衬套发生转位，可用螺钉或销定位。

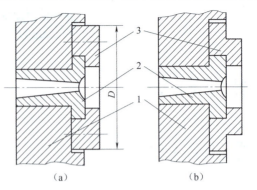

图2.14 主流道衬套与定位圈分开设计

1—定模；2—主流道衬套；3—定位圈

冷料穴的作用是储存因两次注射间隔而产生的冷料头及熔体流动的前锋冷料，以防止熔体冷料进入型腔。冷料穴一般设在主流道的末端，当分流道较长时，在分流道的末端有时也开设冷料穴。主流道冷料穴底部常设计成曲折的钩形或下陷的凹槽，使冷料穴兼有分模时将主流道凝料从主流道衬套中拉出并滞留在动模一侧的作用。直角式注塑机上使用的模具的冷料穴为主流道的延长部分，而卧式或立式注塑机上使用的模具冷料穴设在主流道正对面的动模上，直径稍大于主流道大端直径，以利于冷料流入，常见的冷料穴有以下两种结构。

（1）带Z形头拉料杆的冷料穴。

在冷料穴底部有一根Z形头的拉料杆，这是最常用的冷料穴形式。如图2.15（a）所示，拉料杆头部的侧凹能将主流道凝料钩住，开模时滞留在动模一侧。拉料杆固定在推板上，故凝料与拉料杆一道被推出机构从模具中推出。开模后稍许将制品做侧向移动，即可将制品连凝料一并从拉料杆上取下。

同类型的还有带顶杆的倒锥形冷料穴（见图2.15（b））和圆环槽形冷料穴（见图2.15（c））。在开模时靠冷料穴的倒锥或侧凹起拉料作用，使凝料脱出主流道衬套并滞留在动模一侧，然后通过推出机构强制推出凝料，这两种形式宜用于弹性较好的塑料制品。由于在取出主流道凝料时须做侧向移动，故采用倒锥形和圆槽形这两种冷料穴形式易实现自动化操作。

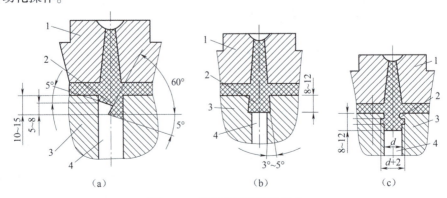

图2.15 底部带顶杆的冷料穴

（a）Z形；（b）倒锥形；（c）圆环槽形

(2) 带球形头拉料杆的冷料穴。

这种拉料杆专用于借助推板将制品脱模的模具中。前锋冷料进入冷料穴后,紧包在拉料杆的球形头上,开模时便可将主流道凝料从主流道中拉出。球头拉料杆固定在动模一侧的型芯固定板上,并不随推出机构移动,所以当推件板从型芯上推出制品时,也就将主流道凝料从球头拉料杆上硬刮下来,如图2.16(a)所示。蘑菇形拉料杆(见图2.16(b))和锥形拉料杆(见图2.16(c))均是球形头拉料杆的变异形式。其中锥形拉料杆无储存冷料的作用,它依靠塑料收缩的包紧力将主流道凝料拉出,故可靠性较差,但尖锥的分流作用好,常用在成型带中心孔的制品上,如塑料齿轮等。

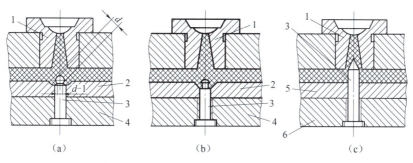

图 2.16 用于推件板脱模的拉料杆
(a) 球头拉料杆;(b) 蘑菇形拉料杆;(c) 锥形拉料杆
1—定模;2—拉件板;3—拉料杆;4—型芯固定板;5—动模;6—推块

(二) 分流道的设计

分流道是主流道与浇口之间的通道,在多型腔的模具中分流道必不可少,而在单型腔的模具中,有时可省去分流道。在多型腔模具中,分流道要保证熔体以相同的压力,相同的温度与状态同时地充入各个型腔。在分流道的设计时应考虑尽量减小在流道内的压力损失和尽可能避免熔体温度的降低,因此应该尽可能地短与平衡,同时还要考虑减小流道的容积。

1. 分流道的截面形式

熔融的塑料高速进入相对较冷的模具流道,开始进入的材料热量迅速散失并紧贴在流道壁上,形成冷皮,这样在流道壁产生一个隔热层,而真正能传递熔体的是流道中的热芯。常用的流道截面形状有圆形、梯形、U形和六角形等。在流道设计中要减少在流道内的压力损失,则希望流道的截面积大,要减少传热损失,又希望流道的表面积小,因此可用流道的截面积与周长的比值来表示流道的效率,该比值大则流道的效率高。各种流道的截面形状与效率如图2.17所示。

圆形和正方形流道的效率最高。但是正方形截面流道中间的热芯相对圆形截面小,所以圆形截面的流道效果最好。由于正方形截面流道不易于凝料的顶出,因此常采用梯形截面的流道替代。根据经验,一般取梯形流道的深度为梯形截面上端宽度的2/3~3/4,脱模斜度取5°~10°。U形和六角形截面的流道均是梯形截面流道的变异形式,六角形截面的流道实质上是一种双梯形截面的流道。一般当分型面为平面时,常采用圆形截面的流道,当分型面不为平面时,考虑到加工的困难,常采用梯形或U形截面的流道。半圆与长矩形截面流道的效率太差,应避免使用。

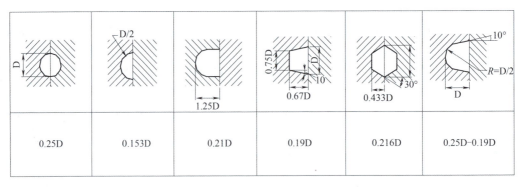

图 2.17 各种流道的截面形状与效率

因冷却在流道管壁形成凝固层,熔体只能在流道中心部畅通。从这一点考虑,分流道的中心最好能与浇口的中心位于同一直线上。图 2.18（a）所示的圆形流道能与浇口位于同一直线,而图 2.18（b）所示的梯形流道则达不到这一要求。

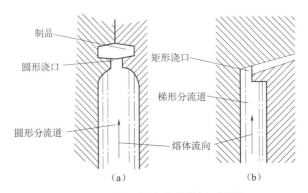

图 2.18 浇口与分流道的相对位置
（a）圆形流道；（b）梯形流道

2. 分流道的尺寸

由于各种塑料的流动性有差异,因此可以根据塑料的品种粗略地估计分流道的直径,常用塑料的分流道直径如表 2.2 所示。

表 2.2 常用塑料的分流道直径

塑料品种	分流道直径/mm	塑料品种	分流道直径/mm
ABS、AS	4.8~9.5	PP	4.8~9.5
聚甲醛	3.2~9.5	PE	1.6~9.5
丙烯酸酯	8.0~9.5	聚苯醚	6.4~9.5
耐冲击丙烯酸酯	8.0~12.7	PS	3.2~9.5
尼龙6	1.6~9.5	聚氯乙烯	3.2~9.5
PC	4.8~9.5		

从表 2.2 中可见，对于流动性很好的 PE 和尼龙，当分流道很短时，分流道可小到 2 mm 左右；对于流动性差的塑料，如丙烯酸类，分流道直径接近 10 mm。多数塑料的分流道直径在 4.8~8 mm 变动。

对于壁厚小于 3 mm、质量 200 g 以下的塑料制品，还可采用如下经验公式确定分流道的直径（该式所计算的分流道直径仅限于在 3.2~9.5 mm）。

$$D = 0.265\sqrt{m}\sqrt[4]{L} \qquad (2-1)$$

式中，D 为分流道直径，mm；m 为制品质量，g；L 为分流道的长度，mm。

实践表明，当注塑模具主流道和分流道的剪切速率为 $\dot{\gamma}=5\times10^2\sim5\times10^3\ s^{-1}$、浇口的剪切速率为 $\dot{\gamma}=10^4\sim10^5\ s^{-1}$ 时，所成型的塑料制品质量较好，由此，对于一般热塑性塑料，上面所推荐的剪切速率可作为计算模具流道尺寸的依据。在计算中可使用如下经验公式

$$\dot{\gamma} = 3.3q_v/\pi R_n^3 \qquad (2-2)$$

式中，q_v 为体积流量，cm^3/s；R_n 为表征流道截面尺寸的当量半径，cm。该式既可用来计算主流道和分流道尺寸，也可用来计算浇口尺寸。

根据现有注塑机的生产能力，可将式（2-2）绘制成如图 2.19 所示的曲线，以便进行流道尺寸的简易计算。

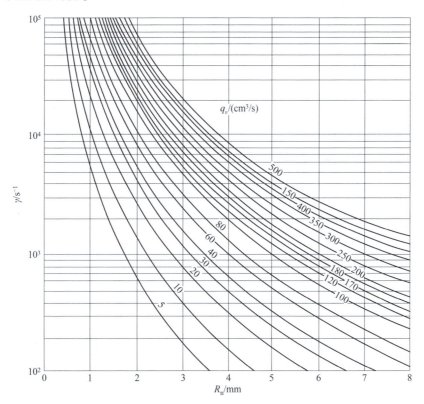

图 2.19 $\dot{\gamma}$—q_v—R_n 关系曲线

由图 2-19 可见，计算流道当量半径 R_n 的步骤如下：
（1）根据注塑机的规格及制品体积，按下式计算熔体的体积流量

$$q_v = V/t \qquad (2-3)$$

式中，q_v 为熔体体积流量，cm^3/s；V 为制品体积，cm^3，通常取（0.5~0.8）Q_n，Q_n 为注塑机公称注射量，cm^3；t 为注射时间，s，其值可在表2.3查出。

表 2.3　注塑机公称注射量 Q_n 与注射时间 t 的关系

公称注射量 Q_n/cm^3	注射时间 t/s	公称注射量 Q_n/cm^3	注射时间 t/s
60	1.0	4 000	5.0
125	1.6	6 000	5.7
250	2.0	8 000	6.4
350	2.2	12 000	8.0
500	2.5	16 000	9.0
1 000	3.2	24 000	10.0
2 000	4.0	32 000	10.6
3 000	4.6	64 000	12.8

（2）确定恰当的剪切速率 $\dot{\gamma}$，如大型模具，对于主流道，$\dot{\gamma} = 5 \times 10^3 \ s^{-1}$；对于分流道，$\dot{\gamma} = 5 \times 10^2 \ s^{-1}$；对于点浇口，$\dot{\gamma} = 1 \times 10^5 \ s^{-1}$；对于其他浇口，$\dot{\gamma} = 5 \times 10^3 \sim 5 \times 10^4 \ s^{-1}$。

（3）求当量半径 R_n，由所选定的剪切速率 $\dot{\gamma}$ 与体积流量 q_v 值曲线的交点向下做垂线，垂足与原点之间的距离即为 R_n（mm）。

三）浇口的设计

浇口是熔体进入型腔的入口通道，通常指连接流道与型腔之间的一段细短通道，是浇注系统的关键部分。浇口的形状、位置和尺寸对制品的质量影响很大。浇口的主要作用有以下几点。

（1）熔体充模后，先在浇口处凝固，当注塑机螺杆抽回时可防止熔体向流道回流。

（2）熔体在流经狭窄的浇口时产生摩擦热使熔体升温，有助于充模。

（3）易于切除浇口尾料，二次加工方便。

（4）对于多型腔模具，浇口能用来平衡进料，对于多浇口单型腔模具，浇口既能用来平衡进料，又能用以控制熔合纹在制品中的位置。

浇口的理想尺寸很难用手工的方法计算出来，除了可用公式做初步计算外，一般可根据经验，浇口截面积为分流道截面积的3%~9%，截面形状常为矩形或圆形，浇口的长度为1~1.5 mm。在设计浇口时往往先取较小的尺寸值，以便在试模时逐步加以修正。

前述曾提及小浇口相对于大浇口的许多优越性，但在设计时还应具体情况具体分析。小浇口最适合填充薄壁和壁厚均匀的型腔，能有效防止制品发生变形、翘曲和裂纹等弊病；而大浇口对补缩有利，能提高制品的尺寸精度，因此当制品壁厚不均匀时，应适当增大浇口的尺寸。对于接近牛顿型的熔体黏度很高的塑料，提高剪切速率对表观黏度影响不大，采用小浇口会产生很大的浇口处压力降，宜采用较大浇口。另外热敏性塑料用小浇口时容易在浇口处因剪切升温发生分解，影响制品质量，也宜采用较大的浇口。

1. 浇口的类型

在注塑模具设计中常用的浇口形式有以下几种。

(1) 直接浇口。如图 2.20 所示，这种浇口由主流道直接进料，故熔体的压力损失小，成型容易，因此适用于任何塑料，常用于成型大而深的塑料制品。在采用直接浇口时，为了防止前锋冷料流入型腔，常在浇口内侧开设深度为半个制品厚度的冷料穴。直接浇口的缺点是，由于浇口处固化慢，故容易造成成型周期延长，容易产生残余应力、超压填充，浇口处易产生裂纹，浇口凝料切除后制品上的疤痕较大。

直接浇口有时被称为非限制性浇口，而其他类型的浇口则通称为限制性浇口。

直接浇口的尺寸受塑料种类和制品质量的影响，常用塑料的经验数据如表 2.4 所示。

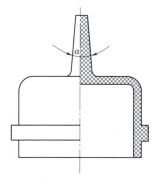

图 2.20　直接浇口

表 2.4　常用塑料的直接浇口尺寸

塑料种类	制品质量 m/g 主流道直径 /mm					
	$m<85$		$85 \leqslant m<340$		$m \geqslant 340$	
	d	D	d	D	d	D
PS	2.5	4.0	3.0	6.0	3.0	8.0
PE	2.5	4.0	3.0	6.0	3.0	7.0
ABS	2.5	5.0	3.0	7.0	4.0	8.0
PC	3.0	5.0	3.0	8.0	5.0	10.0

注：d 为小端直径；D 为大端直径。

(2) 矩形侧浇口。如图 2.21 所示，矩形侧浇口一般开在模具的分型面上，从制品的边缘进料。侧浇口的厚度 h 决定浇口的固化时间，在实践中通常是在容许的范围内首先将侧浇口的厚度加工得薄一些，在试模时再进行修正，以调节浇口的固化时间。

矩形侧浇口广泛使用于中小型制品的多型腔注塑模具，其优点是截面形状简单、易于加工、便于试模后修正，缺点是在制品的外表面留有浇口痕迹。

矩形侧浇口的大小由其厚度、宽度和长度决定。确定侧浇口厚度 h（mm）和宽度 w（mm）的经验公式如下：

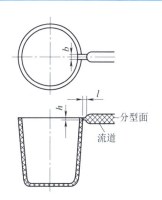

图 2.21　矩形侧浇口

$$h = nt \tag{2-4}$$

$$w = \frac{n\sqrt{A}}{30} \tag{2-5}$$

式中，t 为制品壁厚，mm；n 为与塑料品种有关的系数，其值如表 2.5 所示；A 为制品外表面积，mm^2。

根据式（2-5）计算所得的 w 若大于分流道的直径，则可采用扇形浇口。

表 2.5　与塑料品种有关的系数 n 的选取

塑料品种	n	塑料品种	n
PE、PS	0.6	尼龙、有机玻璃	0.8
聚甲醛、PC、PP	0.7	聚氯乙烯	0.9

侧浇口的厚度一般为 0.5~1.5 mm，宽度为 1.5~5.0 mm，浇口长度为 1.5~2.5 mm。对大型复杂的制品，侧浇口的厚度为 2.0~2.5 mm（为制品厚度的 0.7~0.8 倍），宽度为 7.0~10.0 mm，浇口长度为 2.0~3.0 mm。从这组经验数据可以看到，侧浇口宽度与厚度的比例大致是 3∶1。

（3）扇形浇口。如图 2.22 所示，扇形浇口是矩形侧浇口的一种变异形式。在成型大平面板状及薄壁制品时，宜采用扇形浇口。在扇形浇口的整个长度上，为保持截面积处相等，浇口的厚度应逐渐减小。

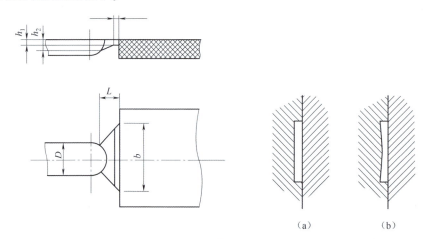

图 2.22　扇形浇口

扇形浇口的宽度 w 按式（2-5）计算，为了能够充分发挥扇形浇口在横向均匀分配料流的优点，可以采用比计算结果更大的浇口宽度。如图 2.22 所示，浇口出口厚度 h_1 的计算与矩形侧浇口厚度的计算公式相同，即

$$h_1 = nt \qquad (2\text{-}6)$$

式中，n、t 与式（2-4）中相同。浇口入口厚度 h_2 按下式计算：

$$h_2 = \frac{wh_1}{D} \qquad (2\text{-}7)$$

式中，h_1 为浇口出口厚度，mm；w 为浇口宽度，mm；D 为分流道直径，mm。

应注意，浇口的截面积不能大于分流道的截面积，即

$$wh_1 < \pi D^2/4 \qquad (2\text{-}8)$$

因为扇形浇口的中心部位与浇口边缘部位的流道长度不同，所以塑料熔体在中心部位和两侧的压降与流速也不相同，为了达到一致，在图 2.22（b）中增加了扇形浇口两侧的厚度，这种做法使浇口的加工困难一些，但有助于熔体均匀地流过扇形浇口。

扇形浇口的长度可比矩形侧浇口的长度长一些，通常为 1.3~6.0 mm。

(4) 膜状浇口。如图 2.23 所示，这种浇口用于成型管状制品及平板状制品，其特点是将浇口的厚度减薄，而把浇口的宽度同制品的宽度设计成一致，故这种浇口又称平面浇口或缝隙浇口。若按图 2.23 (a) 设置浇口，则成型后在制品内径处会留有浇口残留痕迹，当制品内径精度要求较高时，可按图 2.23 (b) 将膜状浇口设置在制品的端面处，其浇口重叠长度 l_1 应不小于浇口厚度 h。

膜状浇口的长度 l 取 0.75～1 mm，厚度 h 取 $0.7nt$（n 和 t 见式 (2-4)），其厚度值略低于矩形侧浇口厚度的经验值，是因为膜状浇口的宽度较大。

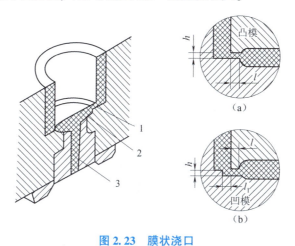

图 2.23　膜状浇口

(a) 凸模；(b) 凹模；
1—模状浇口；2—圆盘流道；3—浇口

(5) 点浇口。点浇口又称针状浇口，是一种在制品中央开设浇口时使用的圆形限制性浇口，常用于成型各种壳类、盒类制品。点浇口的优点是能灵活地确定浇口位置，浇口附近变形小，多型腔时采用点浇口容易平衡浇注系统，对于投影面积大的制品或易变形的制品，采用多个点浇口能够取得理想的结果，缺点是由于浇口的截面积小，流动阻力大，需提高注射压力，宜用于成型流动性好的热塑性塑料，采用点浇口时，为了能取出流道凝料，必须使用三板式双分型面模具或二板式热流道模具，费用较高。

一般情况下，点浇口的截面积取矩形侧浇口截面积的 0.5～0.7 倍，这里取 0.6 倍，设点浇口直径为 d（mm），则

$$\pi d^2/4 = nt \frac{n\sqrt{A}}{30} 0.6$$

即
$$d = 0.123n\sqrt[4]{t^2 A} \quad (2-9)$$

式中，n 为与塑料品种有关的系数，其值如表 2.5 所示；t 为制品壁厚，mm；A 为制品外表面积，mm²。

如图 2.24 (a) 所示，点浇口直径 d 常为 0.5～1.8 mm，浇口长度 l 常为 0.5～2 mm。为了防止在切除浇口凝料时损坏制品表面，可采用如图 2.24 (b) 所示的结构，其中为了有利于熔体流动而设置的圆弧半径

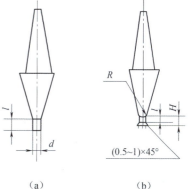

图 2.24　点浇口

R 为 1.5~3 mm，H 为 0.7~3.0 mm。

在成型薄壁制品时（$t<1.5$ mm）若采用点浇口，则制品易在点浇口附近处产生变形甚至开裂。为了改善该情况，在不影响使用的前提下，可将浇口对面的壁厚增加并以圆弧 R 过渡，如图 2.25 所示，此处圆弧避免了塑料绕浇口流动的限制作用。

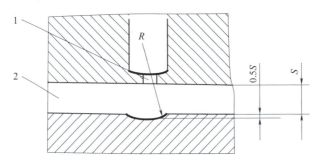

图 2.25 薄壁制品浇口处壁厚局部增厚
1—浇口；2—型腔

（6）潜伏浇口。潜伏浇口如图 2.26 所示，从形式上看，潜伏浇口与点浇口类似，所不同的是采用潜伏浇口，只需二板式单分型面模具，而采用点浇口一般需要三板式双分型面模具。

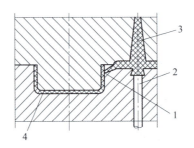

图 2.26 潜伏浇口
1—浇口；2—推杆；3—主流道；4—制品

潜伏浇口的特点如下：

①浇口位置一般选在制品侧面较隐蔽处，不影响制品的美观。

②分流道设置在分型面上，而浇口像隧道一样潜入分型面下面的定模板上或动模板上，使熔体沿斜向注入型腔。

③浇口在模具开模时自动切断，不需要进行浇口处理，但在制品侧面留有浇口痕迹。

④若要避免浇口痕迹，可在推杆上开设二次浇口，使二次浇口的末端与制品内壁相通，产品顶出后再人工切除二次浇口，具有二次浇口的潜伏浇口如图 2.27 所示，这种浇口的压力损失大，需提高注射压力。

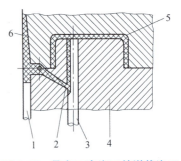

图 2.27 具有二次浇口的潜伏浇口
1—推杆；2—浇口；3—推杆；
4—动模；5—制品；6—主流道

潜伏浇口与分流道中心线的夹角一般为30°~55°，通常采用圆形截面，浇口尺寸可根据点浇口或矩形侧浇口的经验公式计算。

另外还有一种圆弧形弯曲的潜伏式浇口，可从扁平制品的内侧进浇，如图2.28所示。根据其形状特点，这种浇口称为香蕉形浇口或牛角浇口，国外也称腰果形浇口。"香蕉形"潜伏式浇口因采用了曲线型隧道的结构形式，在应用上要比直线型潜水口具有更大的灵活性。如图2.28所示，其可以直接延伸到塑件的内表面（见图2.28（a））、内侧面（见图2.28（b））和底面（见图2.28（c））进行注塑成型。冷却定型后，其曲线型的浇口在顶杆的作用下与塑件自动切断分离，然后沿其曲线方向产生一定弹性和塑性变形，最后被顶杆顶出模外。香蕉形浇口的应用限于韧性塑料。香蕉形浇口加工困难，需要设计镶件结构。

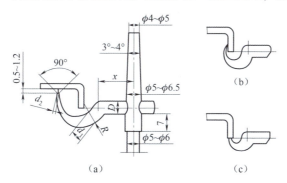

图2.28 "香蕉形"曲线型潜伏式浇口的应用形式
（a）内表面；（b）内侧面；（c）底面

（7）护耳浇口。如图2.29所示，护耳浇口由矩形浇口和耳槽组成，耳槽的截面积和水平面积均比较大。在耳槽前部的矩形小浇口能使熔体因摩擦发热而使温度升高，熔体在冲击耳槽壁后，能调整流动方向，平稳地注入型腔，因而制品成型后残余应力小。另外，依靠耳槽能允许浇口周边产生收缩，所以能减小因注射压力造成的过量填充及因冷却收缩所产生的变形。这种浇口适用于如聚氯乙烯、聚碳酸酯等热稳定性差、黏度高的塑料的注塑成型。

护耳浇口需要较高的注射压力，其值约为其他浇口所需注射压力的2倍。另外，制品成型后增加了去除耳部余料的工序。

如图2.29所示，护耳浇口与分流道呈直角分布，耳部应设置在制品壁厚较厚的部分。在护耳浇口中，其矩形小浇口可按矩形侧浇口公式（式（2-4）和式（2-5））计算。耳槽的长度可取分流道直径的1.5倍，耳槽的宽度约等于分流道的直径，耳槽的厚度可取制品壁厚的0.9倍，耳槽的位置以距离制品边缘150 mm以内为宜。

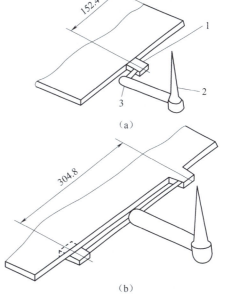

图2.29 护耳浇口
（a）单耳；（b）双耳
1—耳；2—主流道；3—浇口

当制品较宽时,需要使用多个护耳浇口,此时耳槽之间的最大距离约为 300 mm。

2. 浇口的位置

浇口开设的位置对制品的质量影响甚大,在确定浇口位置时,应注意以下几点。

(1) 浇口应设置在能使型腔各个角落同时充满的位置。

(2) 浇口应设置在制品壁厚较厚的部位,使熔体从厚截面流入薄截面,以利于补料。

(3) 浇口的位置应选择在有利于排除型腔中气体的部位。当制品的壁厚不均匀时,由于熔体在型腔内较厚位置的流速比较薄的位置快,更应仔细分析气陷产生的可能性。

(4) 浇口的位置应选择在能避免制品表面产生熔合纹的部位,如图 2.30 所示,对于圆筒类制品,成型时采用中心浇口比侧浇口合理。当无法避免熔合纹的产生时,浇口位置的选择应考虑熔合纹产生的部位是否合适,产生的熔合纹应不会出现在制品的外观面上和受力的部位。

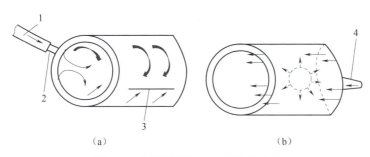

图 2.30 圆筒类制品的两种浇口位置
(a) 不合理;(b) 合理
1—流道;2—浇口;3—熔合纹;4—直接浇口

(5) 对于带有细长型芯的模具,浇口位置不当会使型芯受到熔体的冲击而产生变形,如图 2.31 所示的模具,此时应采用中心进料方式。

(6) 浇口的设置应避免产生喷射的现象。如图 2.32(a) 所示,当小浇口正对着宽度和厚度很大的模腔时,会产生喷射,这样高速料流通过浇口时会受到很高的剪切应力,而出现蛇形流等熔体断裂现象。为了避免喷射,可采用护耳浇口或者图 2.32(b) 所示的搭接浇口。采用搭接浇口后,浇口开设在正对着型腔壁或型芯的位置,使高速料流冲击在型腔壁或型芯上,从而降低熔体流速、改变流向,使熔体均匀地填充型腔。

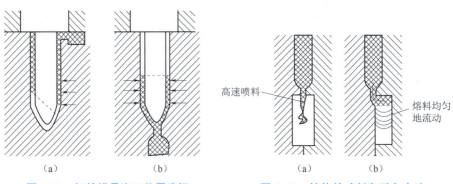

图 2.31 钢笔模具浇口位置选择
(a) 不合理;(b) 合理

图 2.32 熔体的喷射和避免方法
(a) 一般浇口;(b) 搭接浇口

（7）浇口应设置在不影响制品外观的部位。

（8）不要在制品中承受弯曲荷载或冲击荷载的部位设置浇口，一般情况下，制品浇口附近的残余应力较大而强度较差。

3. 流动比的校核

在确定大型塑料制品的浇口位置时，还应考虑塑料所允许的最大流动距离比（简称流动比）。最大流动距离比是指熔体在型腔内流动的最大长度与相应的型腔厚度之比。当型腔厚度增大时，熔体所能够达到的最大流动距离也会长一些。

最大流动距离比随熔体的性质、温度和注射压力而变化，表2.6列出常用塑料流动比的经验数据，供设计浇注系统时参考。若计算得到的流动比大于允许值，需要改变浇口位置，或者增加制品壁厚，或者采用多浇口等方式来减小流动比。

表 2.6 常用塑料的允许流动比范围

塑料名称	注射压力/MPa	流动比的允许值	塑料名称	注射压力/MPa	流动比的允许值
PE	150	250~280	硬聚氯乙烯	130	130~170
PE	60	100~140	硬聚氯乙烯	90	100~140
PP	120	280	硬聚氯乙烯	70	70~110
PP	70	200~240	软聚氯乙烯	90	200~280
PS	90	280~300	软聚氯乙烯	70	100~240
聚酰胺	90	200~360	PC	130	120~180
聚甲醛	100	110~210	PC	90	90~130

当浇注系统和型腔截面尺寸各处不等时，流动比计算公式为

$$K = \sum_{i=1}^{n} \frac{L_i}{t_i} \tag{2-10}$$

式中，K 为流动比；L_i 为流动路径各段长度，mm；t_i 为流动路径各段的型腔厚度，mm；n 为流动路径的总段数。

如图2.33所示的塑料制品，当浇口形式和开设位置不同时，计算出的流动比也不相同。对于图2.33（a）所示的直接浇口，流动比为

$$K_1 = \frac{L_1}{t_1} + \frac{L_2 + L_3}{t_2}$$

对于图2.33（b）所示的侧浇口，流动比为

$$K_2 = \frac{L_1}{t_1} + \frac{L_2}{t_2} + \frac{L_3}{t_3} + 2\frac{L_4}{t_4} + \frac{L_5}{t_5}$$

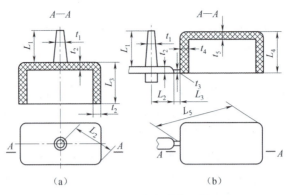

图 2.33 流动比计算示例
(a) 直接浇口；(b) 侧浇口

二、顶出系统设计

顶出机构的基本方式包括顶针、司筒、偏顶针、直顶等。

注塑模具顶出系统是整套模具结构的重要组成部分，一般由顶出复位和顶出导向等两部分组成。在注塑成型过程中，顶出系统负责将产品从模具上取下来，是实现产品顺利脱模的关键环节之一。

顶出系统的设计原则如下。

（1）选择分模面时尽量使产品留在有脱模机构的一边。

（2）顶出力和位置平衡确保产品不变形、不顶破。

（3）顶针需设在不影响产品外观和功能处。

（4）尽量使用标准件确保安全可靠、有利于制造和更换。

（5）顶出位置应设置在阻力大处，不可离镶件或型芯太近。

（6）当有细而深的加强筋时，一般在其底部设置顶杆。

（7）在产品进胶口处，避免设置顶针，以免破裂。

（8）对于薄肉产品，在分流道上设置顶针，即可将产品带出。

（9）顶针与顶针孔配合一般为间隙配合，太松易产生毛边，太紧易造成卡死。

（10）为防止顶针在生产时转动，需将其固定在顶针板上，其形式多种多样，需根据顶针大小、形状、位置具体确定。

此外，根据动力来源不同，顶出系统可分为手动顶出、机动顶出、液压顶出和气动顶出等类型。手动顶出系统主要由人工操纵顶出系统、顶出产品，适用于手动旋出螺纹型芯等情况；机动顶出系统通过注塑机动力或加设电机来推动脱模机构顶出产品，适用于顶出系统在母模侧的模具；液压顶出系统在模具上安装专用油缸，由注塑机控制油缸动作，其顶出力、速度和时间都可通过液压系统调节，适用于合模之前顶出系统先回位等情况；气动顶出利用压缩空气在模具上设置气道和细小的顶出气孔直接将产品吹出。

三、冷却系统设计

在塑料注塑成型过程中，模腔及熔体温度场的变化直接影响生产效率和制品的质量，模具及制品的温度分布与制品的应力、应变及翘曲有直接的关系。由于各种塑料的性能和成型工艺要求不同，对模具温度的要求也不同。一般注射到模具内的塑料熔体温度为 200 ℃左右，熔体固化成为制品后，从 60 ℃左右的模具中脱模，温度的降低依靠在模具内通入冷却水，将热量带走。对于要求较低模温（一般低于 80 ℃）的塑料，如 PE、PP、PS、ABS 等，仅需要设置冷却系统即可，因为通过调节水的流量就可以调节模具的温度。对于要求较高模温（80~120 ℃）的塑料，如 PC、聚砜、聚苯醚等，由于模具较大，模具散热面积广，有时单靠注入高温塑料来加热模具是不够的，因此需要设置加热装置。

有些塑料制品的物理性能、外观和尺寸精度的要求很高，对模具的温度要求十分严格，为此要设计专门的模温调节器，对模具的各部分的温度进行严格的控制。

模具的冷却主要采用循环水冷却方式，模具的加热方式有通入热水、水蒸气、热油和电阻丝加热等。本节专门介绍注塑模具的冷却系统的设计，用热水、热油或水蒸气加热也需在模具内开设加热通道，因此与冷却通道设计基本相同，故不再赘述。

（一）冷却系统的设计原则

为了提高冷却系统的效率和使型腔表面温度分布均匀，在冷却系统的设计中应遵守以下原则。

（1）在设计时冷却系统应先于推出机构，也就是说，不要在推出机构设计完毕后才考虑冷却回路的布置，而应尽早确定冷却方式和冷却回路的位置，以便能得到较优的冷却效果。将该点作为首要设计原则的依据是，在传统设计中，往往推出机构的设计先于冷却系统，冷却系统的重要性未能引起足够的认识。

（2）注意凹模和型芯的热平衡。有些制品的形状能使塑料散发的热量等量地被凹模和型芯吸收。但是绝大多数制品的模具都有一定高度的型芯及包围型芯的凹模，对于这类模具，凹模和型芯所吸收的热量不同。这是因为制品在固化时因收缩包紧在型芯上，制品与凹模之间会形成空隙，这时绝大部分的热量将依靠型芯的冷却回路传递，加上型芯布置冷却回路的空间狭小，还要防止系统的干扰，使型芯的传热变得更加困难，因此在冷却系统设计中，要把主要注意力放在型芯的冷却上。

（3）对于简单的模具，可先设定冷却水出入口的温差，然后计算冷却水的流量、冷却管道直径、保证湍流的流速及维持这一流速所需的压力降。但对于复杂而又精密的模具，则应进行详细计算。

（4）生产批量大的普通模具和精密模具在冷却方式上应有差异，对于大批量生产的普通塑料制品，可采用快冷的方式以获得较短的循环注射周期。所谓快冷就是使冷却管道靠近型腔布置，采用较低的模具温度。精密制品需要有精确的尺寸公差和良好的力学性能，因此需采用缓冷，即模具温度较高，冷却管道的尺寸和位置也应适应缓冷的要求。

普通模具的冷却水应采用常温下的水，通过调节水的流量来调节模具温度。对于小型制品，由于其注射时间和保压时间都很短，成型周期主要由冷却时间决定，为了提高成型效率，可以采用经过冷却的水进行冷却，目前常用经冷冻机冷却过的 5~10 ℃的水。用冷水进行冷却时，大气中的水分会凝聚在型腔表面易引起制品的缺陷，对此要加以注意。对于流动距离长、成型面积大的制品，为了防止填充不足或变形，有时还需通热水。总之，模温最好通过冷却系统或者专门的装置能任意调节。

（5）模具中冷却水温度升高会使热传递减小，精密模具中出入口水温相差应在 2 ℃以内，普通模具也不要超过 5 ℃。从压力损失观点出发，冷却回路的长度应在 1.2 m 以下，回路的弯头数目不宜超过 15 个。如图 2.34 所示的大型模具，图 2.34（a）采用一条冷却回路，冷却不均匀，图 2.34（b）仍采用一条冷却回路，但较图 2.34（a）有改进，图 2.34（c）采用双冷却回路，一条回路的进口位于另一条回路的出口附近，效果最好。

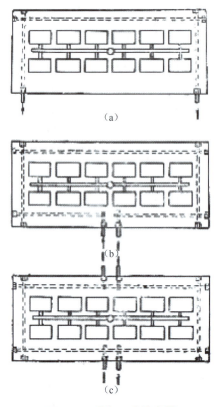

图 2.34　冷却回路的布置
(a) 一条冷却回路；(b) 改进后的一条冷却回路；(c) 双冷却回路

（6）由于凹模与型芯的冷却情况不同，一般应采用两条冷却回路分别冷却凹模与型芯。

（7）当模具仅设一个入水接口和一个出水接口时，应将冷却管道进行串联连接。若采用并联连接，由于各回路的流动阻力不同，很难形成相同的冷却条件。当需要用并联连接时，则需在每个回路中设置水量调节泵及流量计。

（8）采用多而细的冷却管道比采用独根大的冷却管道好，因为多而细的冷却管道扩大了模温调节的范围，但管道不可太细，以免堵塞，一般管道的直径为 8~25 mm。

（9）在收缩率大的塑料制品模具中，应沿其收缩方向设置冷却回路。如图 2.35 所示的方形 PE 塑料制品，由于采用中心直接浇口，从浇口的放射线及与其垂直的方向上引起收缩。此时应在和收缩相对应的中心部通冷却水，而对外侧通经漩涡状冷却回路热交换过的温水。

（10）合理地确定冷却管道的中心距及冷却管道与型腔壁的距离。如图 2.36 所示，图 2.36（a）所布置的冷却管道间距合理，保证了型腔表面温度均匀分布，而图 2.36（b）开设的冷却管道直径太小、间距太大,所以型腔的表面温度变化很大(53.33~61.65 ℃)。冷却管道与型腔壁的距离太大会使冷却效率下降,而距离太小又会造成冷却不均匀。根据经验,一般冷却管道中心线与型腔壁的距离应为冷却管道直径的1~2倍,冷却管道的中心距为管道直径的3~5倍。

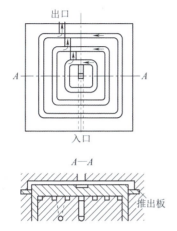

图 2.35　沿收缩方向设置冷却回路

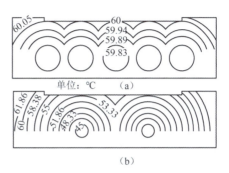

图 2.36　型腔表面的温度变化
(a) 合理布置；(b) 不合理布置

（11）当制品壁厚均匀时,应尽可能使所有的冷却管道孔分别到各处型腔表面的距离相等,如图 2.37 所示。当制品壁厚不均匀时,在厚壁处应开设距离较小的冷却管道,如图 2.38 所示。

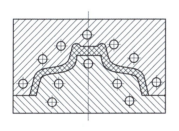

图 2.37　型腔壁厚均匀时冷却管道的布置

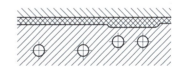

图 2.38　型腔壁厚不均匀时冷却管道的布置

（12）应加强浇口处的冷却。熔体充模时,浇口附近的温度最高。一般来说,距浇口越远温度越低,因此在浇口附近应加强冷却,一般可将冷却回路的入口设在浇口处,这样可使冷水首先通过浇口附近,如图 2.39 所示。图 2.39 (a) 为侧浇口冷却回路的布置,图 2.39 (b) 为多个点浇口冷却回路的布置。

（13）应避免将冷却管道开设在制品熔合纹的部位。当采用多浇口进料或者型腔形状较复杂时,多股熔体在汇合处将产生熔合纹。在熔合纹处的温度一般较其他部位低。为了不使温度进一步下降,保证熔合质量,应尽可能不在熔合纹部位开设冷却管道。

（14）注意水管的密封问题,以免漏水。一般情况下,冷却管道应避免穿过镶块,否则在接缝处漏水,若必须通过镶块时,应加设套管密封。

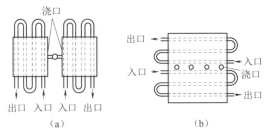

图 2.39 冷却回路入口的选择
(a) 侧浇口冷却回路；(b) 多个点浇口冷却回路

(15) 进、出口水管接头的位置应尽可能设在模具的同一侧，为了不影响操作，通常应将进、出口水管接头设在注塑机背面的模具一侧。

(16) 以冷却效果来选取模具材料，常用模具钢的导热系数均较低。含碳量和含铬量越高的钢种导热性愈差。相比之下不锈钢可视为绝热材料。普通钢传热性差，且热稳定性不好，还导致了型腔表面硬度下降。铍铜合金导热性和热稳定性好，且可获得较高硬度，如国产铍铜 QBe^2（铍 1.9%~2.2%，镍 0.2%~0.5%，其余为铜）经固溶时效处理后，硬度可达 49 HRC。

(二) 冷却回路的形式

冷却回路的形式有多种，包括但不限于以下几种。

(1) 外接直通式：使用橡胶管和快速接头将模具内部的管道连接起来形成单循环或双循环。这种设计便于加工，但缺点是外部容易损坏。

(2) 平面回路式：适用于比较浅的型腔，对于圆形型腔更为合适。这种设计是在模板内部设置冷却管道，再用孔塞或者挡板来实现回路的闭合。

(3) 凹模嵌入式：在型芯块内设置管道回路，出水口和入水口通过定模板或动模板引出。注意型芯块与定（动）模板之间的连接，要在它们之间加 O 形圈密封，防止冷却水泄漏。

(4) 螺旋式：常用于高型芯模具结构的冷却水回路，冷却效果较好。

(5) 隔片式：常用于深腔模具、大型模具，采用冷却水井，直径一般在 12~25 mm，水井深度要适当。

此外，冷却水回路的布置设置也是关键，好的冷却水回路可以缩短成型周期、提高生产效率。冷却水道的布置应避开塑件易产生熔接痕的部位。冷却水道的形式是根据塑件的形状而设置的，由塑件的形状结构与模具主分型面可知，模具有形状对称的两个型腔，为了使模具能得到更加充分的冷却，各型腔的冷却水道布置应遵循一定的原则。

(三) 凹模冷却回路

图 2.40 所示为最简单的直流冷却回路，其采用软管将直通的管道连接起来。这种单层的冷却回路通常用于较浅的型腔。

为了避免设置外部接头，冷却管道之间可以采用内部钻孔的方法沟通，非进、出口均用螺塞堵住，并用堵头或隔板使冷却水沿规定的回路流动，其常见结构如图 2.41 所示。

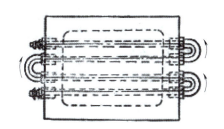

图 2.40　直流冷却回路

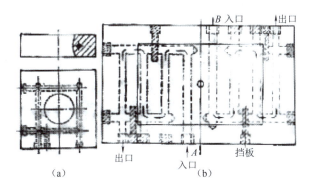

图 2.41　冷却回路的结构
(a) 堵头控制冷却水流向；(b) 隔板控制冷却水流向

图 2.41（a）所示为用堵头控制冷却水流向的情况，而图 2.41（b）所示为采用隔板控制冷却水流向的情况。图 2.41（b）所示的是一个大面积的浅型腔，若采用单一的冷却回路，则型腔左、右两侧会产生明显的温差，因为冷却水从型腔一侧流向另一侧时温度会逐渐增加。改进的方法是采用两条左、右对称的冷却回路，且两条冷却回路的入口均靠近浇口处，以保证型腔表面的温度分布均匀。

冷却回路应尽可能按照型腔的形状布置，对于侧壁较厚的型腔，如圆筒形和矩形塑料制品的凹模塑腔，通常分层设置布局相同的矩形冷却回路，对型腔侧壁进行冷却，如图 2.42 所示。

凹模通常是以镶块的形式镶入模板中。对于矩形镶块，仍可像上述的例子在模板上或者在镶块上用钻孔的方法得到矩形冷却回路。对于圆形镶块，一般不宜在镶块上钻出冷却孔道，此时可在圆形镶块的外圆上开设环形冷却沟槽，该结构如图 2.43 所示。图 2.43（a）所示的结构比图 2.43（b）的好，因为在图 2.43（a）中冷却水与 3 个传热表面相接触，而在图 2.43（b）中冷却水只与 1 个传热表面接触。

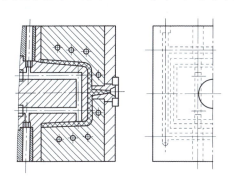

图 2.42　沿制品形状的多层冷却回路

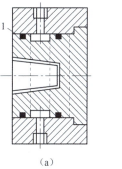 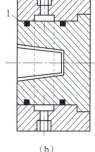

图 2.43　圆形镶块上的冷却沟槽
1—O 形密封圈

1. 型芯冷却回路

对于很浅的型芯，可将上述的单层冷却回路设在型芯的下部，如图 2.44 所示。

对于中等高度的型芯，可在型芯上开出一排矩形冷却沟槽构成冷却回路，如图 2.45 所示。

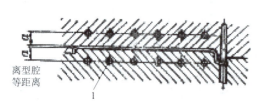
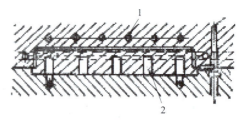

图 2.44　浅型芯冷却回路
1—冷却孔

图 2.45　中等高度型芯冷却回路
1—冷却孔；2—冷却沟槽

对于较高的型芯，用单层冷却回路已不能使冷却水迅速冷却型芯的表面，因此应设法使冷却水在型芯内循环流动，下面列举一些在实际中常用的冷却方法。

（1）台阶式管道冷却法。在型芯内靠近表面的部位开设出冷却管道，形成台阶式冷却回路。由于需要在型芯的侧壁开设平行于型芯上表面的管道以沟通回路，不得不从型芯侧壁表面开孔，然后用螺塞将孔道封住，但这将影响型芯的表面粗糙度，这是台阶式冷却管道的缺点。

（2）斜交叉管道冷却法。如图 2.46 所示，采用斜向交叉的冷却管道在型芯内形成冷却回路。对于宽度较大的型芯，还可以采用几组斜交叉冷却管道，并将它们串联在一起。

（3）直孔隔板式管道冷却法。如图 2.47 所示，采用多个与型芯底面相垂直的管道与底部的横向管道形成冷却回路，同时为了使冷却水沿着冷却回路流动，在每一个直管道中均设置了隔板。

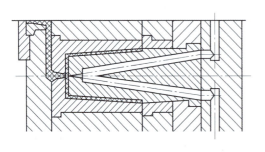
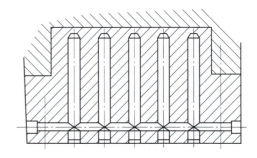

图 2.46　斜交叉管道冷却回路

图 2.47　直孔隔板式冷却回路

（4）喷流式冷却法。如图 2.48 所示，在型芯中间装有一个喷水管，冷却水从喷水管中喷出，分流后向四周流动以冷却型芯壁。对于中心浇口的单腔模具，该方式的冷却效果很好，因为从喷水管喷出的冷却水直接冷却型芯壁温度最高的部位（此处正对着浇口）。该冷却方式适合高度大而直径小的型芯冷却。

（5）衬套式冷却法。衬套式冷却回路如图 2.49 所示，冷却水从型芯衬套的中间水道喷出，首先冷却温度较高的型芯顶部，然后沿侧壁的环形沟槽流动，冷却型芯的四周，最后沿型芯的底部流出。该冷却方式冷却效果好，但模具结构比较复杂，因此只适合于直径较大的圆筒形型芯的冷却。

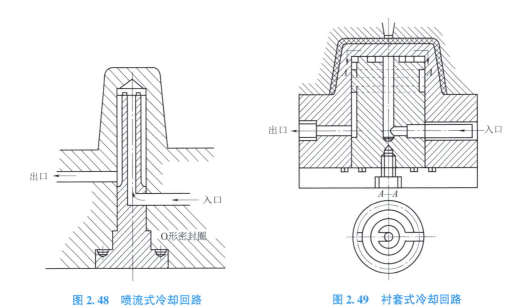

图 2.48　喷流式冷却回路　　　　图 2.49　衬套式冷却回路

（6）铜棒和热管冷却方式。细小的型芯不可能在型芯内直接设置冷却水路，因此若不采用其他冷却方法就会使型芯过热。图 2.50 为一种细小型芯的间接冷却方法，即在型芯中心压入热传导性能好的软铜或铍铜芯棒，并将芯棒的一端伸入冷却水孔中冷却。图 2.51 为采用气体冷却的例子。图 2.51（a）采用普通空气冷却，图 2.51（b）也采用普通空气冷却，但以软铜作热媒体。

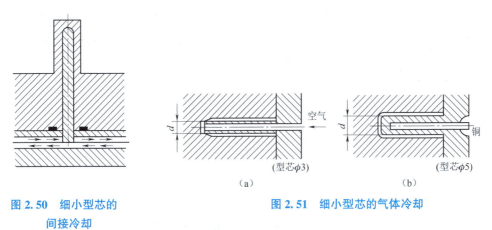

图 2.50　细小型芯的间接冷却　　　　图 2.51　细小型芯的气体冷却

铜棒冷却方式传热效率不高，为了提高冷却效果，采用热管取代铜棒导热，取得了明显的经济效果。

热管是优良的导热元件，其导热效率约为同样大小铜棒的 1 000 倍，有"热的超导体"之称。热管最早用于美国的航天工业，之后被推广到许多工业领域，80 年代开始在塑料注塑模具中应用。

热管由铜管、铜线芯及工作液（如水）等组成，构造如图 2.52 所示。

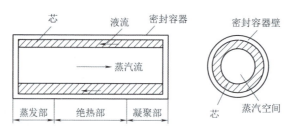

图 2.52 热管的构造

图 2.52 中铜管是密封的,铜线芯类似蜡烛芯,利用毛细管的抽吸作用。在热管中蒸发部起加热作用,绝热部起输送工作液作用,凝聚部起冷却作用。

通过加热,热管的工作液的蒸汽压升高,随之沸腾,由于蒸汽流存在压力差,蒸汽流朝向凝聚部流动。这种饱和蒸汽在凝聚部因为温度下降,随即凝聚成液体。凝聚液体靠铜线芯的毛细管吸力(热管水平时)或重力(热管垂直或倾斜时)又回到蒸发部,再次蒸发,蒸发流又再一次凝聚,形成循环。

热管若采用水作为工作液,当管内压力为 13.3 Pa 时,水在 27 ℃ 就能沸腾,为使热管中的水易于沸腾蒸发,热管中要抽气至 0.13 Pa。

因为液体凝聚热传导具有很强的导热能力,所以热管是一种能迅速从热源 A 向 B 转移热量的有效工具。热管在蒸发部吸入热量,在凝聚部输出热量,因此可将热管用于注塑模具的冷却。热管既可以安放在型芯中导热,也可以制成推杆或拉料杆,兼起冷却的作用。

图 2.53 所示为应用热管冷却型芯的示例。据有关资料介绍,将热管用于塑料注塑模具的冷却,至少可以缩短注塑成型周期 30% 以上,并能使模温恒定。目前在日本,热管已达到标准化、商品化的程度,在注塑模具的应用也逐渐广泛。

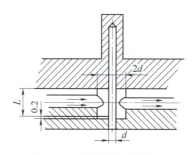

图 2.53 用热管冷却型芯

四、排气系统设计

注塑机模具的排气系统主要是为了排除模腔内的空气和挥发物,以保证注塑制品质量的稳定性和生产效率的提高。如果模腔内残留空气过多或者排气不畅,会导致注塑制品出现气泡、缩孔、毛边等缺陷,影响产品品质和成型效率。

1. 常规排气系统

常规排气系统也称板角滑道排气系统，是一种简单的排气方式，通过将模具中的空气通过模具表面的细小间隙随着塑料流向挤出模腔之外。常规排气系统适用于注塑模具尺寸不大、厚度不超过 2 mm 的产品，缺点是排气效果较差。

2. 特殊排气系统

特殊排气系统包括斜角环形排气、透气排气、奇形排气等，这些系统一般用于模具尺寸比较大、壁厚比较厚的产品，一般采用切向及径向的排气方式，排气效果比较好。

3. 常用的排气方法

（1）切向及径向排气法：通过在模具的形状设计中设置切向或径向的排气槽或排气孔，可以实现切向及径向的排气，有效减少模内气体的积聚。

（2）圆柱形排气法：将排气口设计成一个小圆柱形，使气体在其四周扩散，达到排气的目的。

（3）透气排气法：在排气孔或者排气槽内设置多条细小的通道，使气体在小通道间通过，从而起到透气作用。

（4）斜角环形排气法：设置一条环形斜角排气槽，在注塑过程中，模具表面的空气可以依靠慢慢斜向外走的排气槽尽快排出。

综上所述，注塑机模具的排气系统是注塑模具生产过程中必不可少的一环。不同的排气系统采用的排气方式不同，选择合适的排气系统和排气方式可以有效保证注塑制品的品质和生产效率。

任务工单

任务名称		组别	组员：

一、任务描述
了解注塑模具的含义、分类及典型结构，产品设计、模具设计与加工对注塑成型的影响。

二、实施（完成工作任务）

工作步骤	主要工作内容	完成情况	问题记录

三、检查（问题信息反馈）

反馈信息描述	产生问题的原因	解决问题的方法

续表

四、评估（基于任务完成的评价）
1. 小组讨论，自我评述任务完成情况、出现的问题及解决方法，小组共同给出改进方案和建议。
2. 小组准备汇报材料，每组选派一人进行汇报。
3. 教师对各组完成情况进行评价。
4. 整理相关资料，完成评价表

指导教师评语：

任务完成人签字： 日期： 年 月 日
指导教师签字： 日期： 年 月 日

参 考 文 献

[1] 伍先明，陈志刚，杨军，等. 塑料模具设计指导 [M]. 北京：国防工业出版社，2015.
[2] 王雷刚. 塑料成型工艺与模具设计 [M]. 2版. 北京：清华大学出版社，2020.
[3] 李德群，黄志高. 塑料注射成型工艺及模具设计 [M]. 2版. 北京：机械工业出版社，2016.
[4] 哈里·布鲁纳·沃尔夫冈·那什. 先进注塑模具图解 [M]. 王道远，译. 北京：化学工业出版社，2019.
[5] 张维合. 注塑模具从入门到精通 [M]. 北京：化学工业出版社，2020.

项目 3　注塑工艺

项目引入

塑料注塑成型以得到高品质的塑料制品为目的，其中，注塑成型工艺是决定注塑制品品质的关键。本项目概述了塑料注塑成型工艺的过程及其重要参数，合理的注塑成型参数可以显著地改善注塑制品的质量。

项目目标

(1) 了解注塑工艺的完整过程。
(2) 了解影响注塑制品质量的重要参数。
(3) 了解塑料的收缩性、流动性、结晶性等重要工艺性能及它们对工艺参数设定的影响。

任务 1　注塑工艺过程

【任务描述】

通过该任务的学习，应掌握注塑工艺的具体过程及其原理。

【知识链接】

介绍塑料注塑成型的优点，注射工艺成型前的准备、注射过程和制品的后处理流程。

塑料因其低密度、轻质、高比强度、良好的绝缘性能、较低的介电损耗、较高的化学稳定性、较高的成型效率和较低的成本，被广泛应用于人们的生活和工业生产中。早在 20 世纪 90 年代初，世界塑料的年产量按体积计算已经超过钢铁和有色金属年产量的总和。在机电、仪表、化工、汽车和航空航天等领域，塑料已经成为金属的良好代用材料，出现了金属材料塑料化的趋势。

注塑成型又称注射模塑，是热塑性塑料制件的一种主要成型方法。注塑成型可一次性成型各种结构复杂、尺寸精密和带有金属嵌件的制品，制品可小到钟表齿轮，大到汽车保险杠；除聚四氟乙烯和超高分子量 PE 等极少数塑料外，几乎所有的热塑性塑料都能通过此方法成型并且成型周期短，生产效率高，易于实现自动化生产。注塑成型技术是最重要、应用最广泛、最早期的一种成型方式，其产品占到了整个塑料制品总量的 32%，超过

80%的工程塑料产品都是通过注塑成型工艺完成的。因此，注塑成型技术在塑胶加工业中占据着举足轻重的地位。作为最有效的塑料成型方法之一的注塑成型具有以下优点：①可一次成型各种结构复杂、尺寸精密和带有金属嵌件的制品；②制品表面可以和模具表面一样平滑光亮，或者有同样的纹理、镂刻；③只需少量修整或完全不需修整；④成型周期短，可一模多腔，生产效率高；⑤批量生产时，成本低廉易于实现自动化或半自动化生产。

注射工艺过程包括成型前的准备、注射过程和制品的后处理。

一、成型前的准备

塑胶原料在成型之前，通常要对其颜色、细度和均匀度等进行外观检查，如果需要，还可以检测其技术性能。对于吸湿性较强的塑胶，如尼龙、PC、ABS，在成型之前，一定要彻底烘干，以防止产品表面产生银线、斑点、气泡等不良现象。在将金属嵌入塑胶产品中时，为了降低熔融塑料和金属嵌入物间的温差，需要对金属嵌件进行预加热。在一些模腔或型芯上，需要涂抹脱模剂，以便产品能更好地脱离模具。常见的脱模剂有硬脂酸锌、液态石蜡、硅油等。在成型之前，有时也需要预热。

二、注射过程

塑料注塑成型是一个间歇操作的循环过程，塑料在注塑机料筒内经过加热、塑化达到流动状态后，由模具的浇注系统进入模具型腔。如图3.1所示，其工作程序主要分为注射、保压和冷却三个阶段。

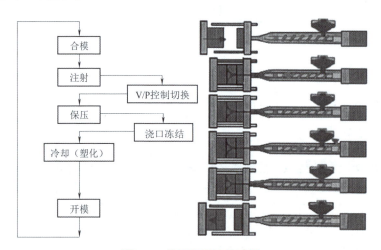

图3.1 典型塑料注射过程

循环启动时，先进行合模操作，通过合模机构将动模推向定模，从而实现动模和定模的封闭。在此过程中，注塑座在定模面的方向上运动，从而使喷头与模头的主浇口相接触。在关闭模具之后，将喷嘴挤压到主浇口上，启动注塑操作。液压系统将高压油供给到注射缸，使螺杆向前运动。在螺杆的驱动下，熔融物经过喷嘴、流道和浇口，最终流入型腔，直至将型腔填满。在注塑过程中，螺杆的推进速度直接关系到产品的力学性能及表面质量。因此，在注塑过程中，螺杆的推进速度也是受控变量。一旦型腔被填满，型腔中的压力就会急剧增大，若螺杆再向前，就有可能将模具顶出，从而导致产品的飞边，进而严重影响产品的品质，同时也会对模具及注塑机造成损伤。所以，在注塑过程中，必须对模腔内的熔体进行实时监测，并精确地判断螺杆何时停止前进。

在注塑结束后，为了避免型腔内的熔融物在反向压力梯度的影响下回流，以及对因冷却引起的熔融物收缩进行补偿，需要维持一定的压力，这样才能让熔融物不断地流入模具型腔，这个过程称为保压阶段，而喷嘴压力是控制变量。所以，从注塑到保压的转换也可以看作是速度/压力的转换，根据螺杆的推进位置、时间、油缸的压力、喷嘴的压力或者型腔的压力等来检测。保压过程中，理想的保压结束点应该是浇口处熔体冷却封口时，又称浇口冻结点。此前停止保压会造成熔体倒流，而此后继续保压则又浪费能源和时间，降低了生产效率。因此，准确预测浇口冻结点对生产有重要意义。

保压结束后，进入塑化阶段。在液压电机的驱动下，螺杆转动，在摩擦力的作用下，塑料在螺旋槽内被推送，并在剪切力及滚筒加热环的作用下，发生塑性熔化，并转化为黏稠液体，储存在螺杆的前端。因为熔融物的堆积，导致螺杆前端的压力上升，将螺杆向后推，直至螺杆退至预定位置，停止转动，塑化完成。塑化的同时，模具仍保持闭合，模腔内的聚合物不断冷却直到固化，然后打开模具，接通顶出装置使制品脱落。

如上所述，一个完整的注塑成型过程是由闭模、注射座前进、注射、保压、塑化、冷却、开模、顶出制品等程序组成，而注射、保压和冷却是决定制品质量最重要的三个阶段，对注射过程的研究也主要体现在这三个阶段中。

注塑成型过程是一个周期性的过程，每成型一个制品注射装置和锁模装置的运行部件按预定的顺序依次动作一次，因此注射过程的时间顺序、注射压力和熔体温度等的变化均具有周期性特点。

三、制品的后处理

塑料制品脱模后，需要进行适当的后处理来改善制品的性能和提高制品尺寸的稳定性。制品的后处理主要指退火处理和调湿处理。

1. 退火处理

注塑机注塑成型过程中，由于注塑成型过程中的塑性变形不均匀或模腔内部的冷却速率不同，易引起结晶、取向及收缩的非均匀性，从而引起产品内部的内应力，这种现象在厚壁件和含金属镶嵌的产品中尤为突出。含有内应力的产品通常会出现机械性能下降，光学性能下降，表面产生银纹，严重时会产生变形和裂纹。解决的办法是对制品进行退火处理。

退火处理的方法是使制品在定温的加热液体介质或热空气循环烘箱中静置一段时间。一般退火温度应控制在高于制品使用温度 10~20 ℃或者低于塑料变形温度 10~20 ℃为宜。退火时间视制品厚度而定，退火后应使制品缓慢冷却至室温。

图 3.2 所示为结晶形塑料制品的结晶度和尺寸随退火

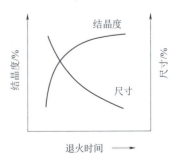

图 3.2 退火对制品结晶度和尺寸的影响

时间的变化关系曲线。若制品的使用要求不高，则不必进行退火处理。退火处理的实质作用是松弛聚合物中冻结的分子链、消除内应力及提高结晶度、稳定结晶结构。

2. 调湿处理

有些塑料制品（如尼龙等）遇热后易发生氧化变色，或易吸湿而发生变形。调湿工艺是指制品事先在某一湿度条件下吸干一定的水分，保持制品大小的稳定性，防止制品在使用期间再次出现较大的变形。比如，把刚刚从模具中取出的制品放入热水、油浴中，不仅能与空气隔离，还能让制品迅速达到吸湿平衡，从而保证制品的尺寸稳定性。

塑料注塑成型和塑料的其他成型方法相比，其工艺过程要更加复杂，主要体现在以下几个方面。

（1）成型制品几何上的多样性。注塑制品相对于吹塑制品和挤出成型的塑料制品，结构形式要更加复杂，并且随着应用领域的不同，注塑制品的尺寸也有较大的差异。

（2）包含较多的物理、化学过程，如流动、传热、结晶等。

（3）成型材料的多样性。采用注塑成型的塑料种类繁多，相同型号的塑料在成型时还可以添加不同比例的其他填充材料，如玻璃纤维，着色剂、其他型号的塑料等。各种成型材料在流动性能、热学性能和机械性能等方面都具有比较大的差异。

（4）新工艺不断涌现。如气体辅助成型、双色注塑成型、包含嵌件的注塑成型等新工艺不断涌现，在扩展了注塑成型的范围的同时，也使塑料注塑成型过程更加复杂。

塑料注塑成型以得到高品质的塑料制品为目的，但在注塑过程中，原材料、注塑机、成型工艺、模具结构等都会对制品的品质产生很大的影响，其中，注塑成型工艺是决定注塑制品品质的关键。目前，国内外许多学者对注塑成型的各种工艺条件进行了研究，得出结论：合理的注塑成型参数可以显著改善注塑制品的质量。

任务2　注塑成型工艺参数解读

【任务描述】

通过该任务的学习，应了解影响注塑成型制品质量的重要参数，以及如何进行选取和调节。

【知识链接】

介绍注塑成型工艺的温度参数、注射参数、保压参数、保压切换参数、储料参数、冷却参数及射退参数。

一、温度参数

在注塑成型中需控制的温度有料筒温度、喷嘴温度和模具温度等。前两种温度主要影响塑料的塑化和流动，而后一种温度主要影响塑料的充模和冷却定型。合适的温度设定对于保证产品质量有着重要作用。

1. 料筒温度

注塑机料筒是一个内部装有往复式或柱塞式螺杆的腔体，其上还安装有加热圈、热电偶、料斗等，共同实现了供料功能。料筒温度通常采用分段控制的方式，合理的温度设置能使螺杆内的塑料熔体得到符合工艺需求的温度分布，一般从料斗一侧起至喷嘴是逐步升高的，有利于塑料逐步均匀塑化。

料筒温度设定过低，塑料颗粒难以塑化均匀，由此导致塑料熔体产生了阻碍熔体流动的剪切力，最终导致残次品大量增多。而料筒温度设定过高，塑料会发生分解，打出的产品将出现烧焦等缺陷。

在柱塞式注塑机中，料筒温度应高些，使塑料内外层受热、塑化均匀。对于螺杆式注塑机，由于螺杆转动的搅动，同时使物料受高剪切作用，物料自身摩擦生热，使传热加快，因此料筒温度可以低于柱塞式 10~20 ℃。

2. 喷嘴温度

为了防止熔料在喷嘴处产生流涎现象，喷嘴温度的设定通常略低于料筒最高温度。同时，喷嘴温度不能过低，否则熔料在喷嘴处会出现早凝而将喷嘴堵塞，或者有早凝料注入模腔而影响塑件的质量。

3. 模具温度

模具温度影响塑料熔体在型腔内的流动及冷却时的结晶和成型收缩过程，对塑料制品的内在性能与表面质量影响很大。模具温度由通入定温的冷却介质控制，也有的靠熔料注入模具自然升温和自然散热达到平衡而保持一定的模温。适当提高模温能够增大产品密度、改善表面光洁性，但要避免过高的模温带来的产品严重收缩和成型周期延长等问题。

二、注射参数

注射参数主要包括注射压力、注射速度、注射周期等，其关系到塑化和成型的质量。

在制品及模具选定后，如何选取及调节注塑成型参数，将直接影响制品的品质。在实际的成型过程中，需要对温度、压力、速度、时间等相关的参数进行全面考虑，确保制品的质量（如外观、尺寸精度、机械强度等）及成型工作效率（如成型时间）。虽然各种注塑机的调试方法不尽相同，但在工艺参数的设置与调试方面却是一致的。

1. 注射压力

注射压力是指注射时在螺杆头部产生的熔体压强，其作用是克服熔体流动充模过程中的流动阻力，使熔体具有一定的充模速率及对熔体进行压实。

在选择注射压力时，首先应考虑注塑机的最大注射压力，然后根据注塑机的额定值调整制品所需的注射压力。注射压力过低会导致型腔压力不足，熔体无法顺利充满型腔。注射压力过高，不仅会造成制品溢料，还会造成制品变形，产品容易出现毛边，产品内应力增加，甚至造成系统过载。图 3.3 所示为注射压

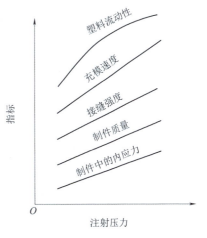

图 3.3 注射压力对塑料成型性能的影响

力对塑料成型性能的影响。

2. 注射速度

注射速度是指单位时间内注塑机螺杆向模具型腔注入的熔料量，是注射阶段关键的控制参数。塑料熔体在不同注射速度下流动特征形态有很大差异。注射速度过高时，熔体呈喷射流状态，产品容易出现喷射纹、烧焦、溢料等缺陷；注射速度合理时，熔体流动前沿基本上接近"扩展流"的状态充模，这种理想的流动状态能够使产品获得较高的物理和力学性能。注射速度过低时，成型效率下降，甚至还会导致产品出现缺料的现象。

3. 注塑周期

完成一次注塑所需的时间称为注塑周期，包括加料、预塑、充模、保压、冷却时间及开模、脱模、闭模及辅助作业等时间。在满足产品质量要求的条件下，应尽可能减少注射时间，缩短成型周期。

三、保压参数

保压参数主要包括保压压力、保压时间等参数。

1. 保压压力

保压压力又称二次注射压力，是在物料充满模腔后至冷却固化后作用于物料上的压力。保压压力所起的作用是，在防止毛边的发生和过度充填的基础上，从喷嘴将熔融物料不断补充到冷却固化中因收缩引起体积减小的部分，从而避免产品由于收缩而出现缩痕。

保压压力是影响产品体积（密度）的重要因素，熔体温度与保压压力及其切换时间对制品的体积和密度起着严格的控制作用。在进行压力调整时，为保障成型制品的质量，最应关注的是注射压力与保压压力之间的关系，以及转换点与保压时间之间的关系。当保压压力设定太低时，尽管有足够的时间，但由于压力不足以克服保压阶段流道中的强大阻力来建立保压流动进行有效的补缩，也会使模内压力不足，给制品带来各种缺陷。保压压力设置过高，容易出现溢料和造成模具损伤。

2. 保压时间

保压时间是指从充模结束到产品脱模的这段时间。过长的保压时间能够在一定程度上减少收缩应力，但会造成能源的大量浪费，降低生产率。如果保压时间设定不够，那么由于保压压力的过早切换，模内熔体在浇口冻封之前发生倒流，会导致制品由于补缩不足出现孔穴、凹陷及内部质量下降等缺陷。

在保压初期阶段，随着保压时间的延长，制品的重量逐渐增大，超过某一临界值后，模具的压力几乎是恒定的，模腔压力近于等速下降。当保压压力撤除之后，模内压力急剧降低。结果表明：保压压力和保压时间对凝固点及制品收缩率有明显影响，增大保压压力，延长保压时间可延缓凝固，有利于减小制品收缩率。

在注射过程中压力随时间呈非线性变化，图3.4所示为在一个成型周期内压力随时间变化的曲线。图中：曲线1是料筒计量室中注射压力随时间变化的曲线；曲线2是喷嘴末端的压力曲线；曲线3是型腔始端（或者是浇口末端）的压力曲线；曲线4是型腔末端的压力曲线。

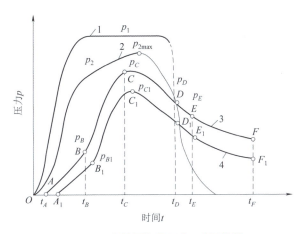

图 3.4　注射周期中压力-时间曲线

图中，OA 段是塑料熔体在注射压力 p_1 作用下从料筒计量室流入型腔始端的时间。在 AB 时间段熔体充满型腔，此时注射压力 p_1 迅速达到最大值，喷嘴压力也达到一定的动态压力 p_2。充模时间 (t_B-t_A) 是注射过程中最重要的参数，因为熔体在型腔内流动时的剪切速率和造成聚合物分子取向的程度都取决于这一时间。

型腔始端压力与末端压力之差 $(p_B-p_{B_1})$ 取决于熔体在型腔内的流动阻力。

型腔充满后，型腔压力迅速增加达到最大值。图中，型腔始端的最大压力为 p_C，型腔末端的最大压力为 p_{C_1}。喷嘴压力也迅速增加并接近注射压力 p_1。

BC 时间段是熔体的压实阶段。在压实阶段，约占制品重量 15% 的熔体被压入型腔内，此时熔体进入型腔的速度已经很慢。

DC 时间段是保压阶段。在这一阶段中熔体仍处于螺杆所提供的注射压力之下，因此熔体会继续流入型腔内以弥补因冷却收缩而产生的空隙，此时熔化流动速度更慢，螺杆只有微小的补缩位移。在保压阶段，熔体随着模具冷却密度增大而逐渐成型。

保压结束后螺杆回程（预塑开始），此时喷嘴压力迅速下降至零。若塑料熔体在此刻还具有一定的流动性，在模内压力的作用下，熔体可能从型腔向浇注系统倒流，致使型腔压力从 p_D 降至 p_E。在 E 时刻熔体在浇口处凝固，使流动封断，浇口尺寸越小封断越快。p_E 称为封断压力，p_E 和与此相对应的熔体温度对制品性能有很大影响。

FE 时间段为冷却定型阶段。制品逐渐冷却到具有一定的刚性和强度时脱模。脱模时制品的剩余压力为 p_F，剩余压力过大可能会造成制品开裂、损伤和卡模。

在注射过程中，注射压力与熔体温度相互制约。料温高所需注射压力低，料温低则所需注射压力高。因此，只有在适当的注射压力和温度的组合下才会获得满意的结果。

四、保压切换参数

保压切换是指由注射阶段的速度控制切换到保压阶段的压力控制。保压切换参数主要包括保压切换方式及对应的值。

保压切换方式包括时间切换、位置切换、压力切换、时间+位置切换。

保压切换是指由注射阶段的速度控制切换到保压阶段的压力控制。合适的转保压时机对于保证产品质量有着重要作用。过早转保压，熔体需由保压压力注入型腔，容易出现短射；而转保压过晚，又会导致产品内应力增加，有的部位还会出现飞边等现象。保压切换方式如图3.5所示。

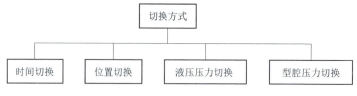

图 3.5 保压切换方式

1. 时间切换

注射开始后经过设定时长后释放一个信号，注塑机转为保压状态。该方式获得的产品质量难以保持稳定，一旦塑料熔体黏度或液压压力发生波动，产品充填量波动会很大，因此常会与其他切换方式配合使用，作为其他切换方式失效时的补充措施。

2. 位置切换

螺杆移动在指定位置后，限位开关释放一个信号，注塑机转为保压状态。由于注射行程基本恒定，因此该控制方式下的工艺相对稳定。在实际试模过程中，常通过填充试验找到其位置。但当螺杆推进行程很短时，限位开关难以准确启动，容易出现欠填充或过填充的现象，此时位置切换并不适用，需要选用其他切换方式。

3. 压力切换

注塑机系统压力达到设定值时释放一个信号，注塑机转为保压状态，该切换方式成为液压压力切换。当液压油压力、材料黏度等发生变化时，该控制方式便难以补偿注射速率的变化，获得的工艺也不稳定。除此之外还有型腔压力切换，通过监控型腔压力可以充分利用塑料的流变学特性。与其他方式相比，该方式得到的成型工艺的重复性最好，产品质量和长度精度较高。

五、储料参数

注塑中的储料是指将需要注入模具的原料加入注塑机的储料斗中，并进行预处理，以便实现精确的注塑过程。储料对注塑过程至关重要，正确设置储料参数可以保证产品的质量和生产效率。

储料参数包括螺杆转速、背压、计量行程等。

1. 螺杆转速

螺杆转速是指螺杆向计量室供料的转速。合理的螺杆转速可以在保证熔体塑化效果需要的同时降低能耗。由于熔体约80%的热量来源于材料剪切，螺杆转速过高时，熔体可能会因剪切过度而降解；转速过低时，则容易出现熔体塑化不均或塑化不足的问题。

2. 背压

背压又称塑化压力，是指注塑机螺杆顶部的熔体在螺杆转动后退时所受到的压力。背压通过调节注塑机液压缸的回油阻力控制。背压增加了熔体的内压力，加强了剪切效果，由于塑料的剪切发热，使熔融物的温度升高。背压的增加使螺杆退回速度减慢，延长了塑料在螺杆中的受热时间，塑化质量可以得到改善。但过大的背压也会导致熔融物在配料室中回流、漏流，导致熔融物的输送能力下降，减少了塑化量，增加了功率消耗，并且过高背压会使剪切发热或切应力过大，熔体易发生降解。

3. 计量行程

注射程序终止后，螺杆处在料筒的最前位置，当预塑程序到达时，螺杆开始旋转，物料被输送到螺杆头部，螺杆在物料的反压力作用下后退，直至碰到限位开关为止。这个过程称计量过程或预塑过程，螺杆后退的距离称计量容积，即注射容积，其计量行程就是注射行程，因此制品所需的注射量是用计量行程来调整的。注射量的大小与计量行程的精度有关，如果计量行程调节太小会造成注射量不足；如果计量行程调整太大，会使料筒前部每次注射后的余料太多，造成熔体温度不均或过热分解，计量行程重复精度的高低会影响注射量的波动。料温沿计量行程呈非均匀分布，增加计量行程会加剧料温的不均匀性。螺杆转速、预塑背压和料筒的温度都对熔体温度和温差有显著的影响。

储料参数的设置是注塑过程中不可缺少的重要环节，正确设置各项储料参数可以提高生产效率，减小废品率，保证产品质量。因此，在生产过程中应该注意合理调整注塑机储料参数的设置，以确保注塑生产的顺利进行。

六、冷却参数

冷却参数主要为冷却时间，是指从保压结束到开模取出产品的这一段时间，通常占产品成型周期比例最高。冷却时间设置过短，产品会因尚未固化完全被顶出而导致产品变形，成为废品；冷却时间设置过长，则会增加成型时间，降低生产效率。

七、射退参数

注射速度指螺杆前进时，将熔融的物料充填到模腔的速度，一般用单位时间的注射质量（g/s）或螺杆前时的速度（m/s）表示，它和注射压力都是注射条件中的重要参数之一，注射速度作为温度和压力以外的第三种手段，能对物料的黏度进行控制和调节。注射速度可进行多级控制，通常可以根据产品结构不同而设定，在注射时使用低速，模腔充填时使用高速，充填接近终了时再使用低速注射的方法，通过控制和调整注射速度可以改善制品外观，防止毛边、喷射痕、银条或焦痕等各种不良现象。

射出速度设定的基本原则是配合塑料在模穴内流动时，按其流动所形成的断面大小进行升降，并且遵守慢→快→慢的程序而尽量快（确认外观有无瑕疵）的要求。

注射速度通过调节单位时间内向注射油缸供油多少来实现，一般情况下（在不引起副作用的前提下），尽量使用高射速充模，以保证塑件熔接强度及表观质量，而相对低的压力也使塑件内应力减小，提高了强度。采用高压低速进料的情况可使流速平稳，剪切速度小，塑件尺寸稳定，避免缩水缺陷。

注射速度主要影响熔体在型腔内的流动行为。通常随着注射速度的增大，熔体流速增加，剪切作用加强。黏度降低，熔体温度因剪切发热而升高，所以有利于充模，并且制品各部分的熔合纹强度也得到增强。但是，由于注射速度增大，可能使熔体从层流状态变为湍流，严重时会引起熔体在模内喷射而造成模内空气无法排出，这部分空气在高压下被压缩迅速升温，引起制品局部烧焦或分解。

在实际生产中，注射速度通常通过实验确定。一般先以低压慢速注射，然后根据制品的成型情况调整注射速度。图3.6所示为注射速度对塑料成型性能的影响曲线。

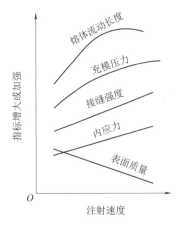

图3.6　注射速度对塑料成型性能的影响曲线

现代的注塑机已实现了多级注射技术，即在一个注射过程中，当注塑机螺杆推动熔体注入模具时，可以根据不同的需要实现在不同位置上有不同注射速度和不同的注射压力等工艺参数的控制。多级注射工艺应根据不同品种的塑料和不同的制品进行拟定和选择。

一般制品的充模时间都很短，为 2~10 s，大型和厚壁制品的充模时间可达 10 s 以上。一般制品的保压时间为 10~100 s，大型和厚壁制品可达 1~5 min，甚至更长。冷却时间以控制制品脱模时不变形且时间较短为原则，一般为 30~120 s，大型和厚壁制品可适当延长。

任务3　注塑工艺设定考虑的因素

【任务描述】

通过该任务的学习，了解塑料的收缩性、流动性、结晶性及其他工艺性能。

【知识链接】

介绍塑料制品的基本特性及其对模具成型的影响。

一、收缩性

塑料制品从模具中取出发生尺寸收缩的特性称为塑料的收缩性。因为塑料制品的收缩不仅取决于塑料本身的热胀冷缩特性，还取决于模具结构及成型工艺条件等因素。因此，通常所指的塑料的收缩性实际上是指塑料制品的成型收缩性能。

塑料的收缩性可用塑料制品的收缩率表示。收缩率定义式为

$$S = \frac{L_m - L}{L_m} \times 100\% \qquad (3-1)$$

式中，S 为塑料的收缩率，%；L_m 为模具型腔尺寸，mm；L 为收缩后塑料制品的尺寸，mm。

由式（3-1）可得

$$L_m = L(1-S) \qquad (3-2)$$

式（3-2）即由给定的塑料制品尺寸和收缩率计算模具型腔尺寸的基本关系式。

塑料的收缩率是由标准试样实测得到的。部分常用热塑性塑料的计算收缩率如表 3.1 所示。

表 3.1 部分常用热塑性塑料的计算收缩率

成型物料			线膨胀系数	成型收缩率
	塑料名称	填充材料	$10^5 ℃^{-1}$	%
结晶型	PE（低密度）	—	10.0~20.0	1.5~5.0
	PE（中密度）	—	14.0~16.0	1.5~5.0
	PE（高密度）	—	11.0~13.0	2.0~5.0
	PP	—	5.8~10.0	1.0~2.5
	PP	玻璃纤维	2.9~5.2	0.4~0.8
	聚酰胺（b）	—	8.3	0.6~1.4
	聚缩醛	20%玻璃纤维	3.6~8.1	1.3~2.8
无定型	PS（通用）	—	6.0~8.0	0.2~0.6
	PS（抗冲击型）	—	3.4~21.0	0.2~0.6
	PS	20%~30%玻璃纤维	1.8~4.5	0.1~0.2
	ABS（抗冲击型）	—	9.5~13.0	0.3~0.8
	ABS	20%~40%玻璃纤维	2.9~3.6	0.1~0.2
	PC	—	6.6	0.5~0.7
	PC	10%~40%玻璃纤维	1.7~4.0	0.1~0.3
	聚氯乙烯（硬质）	—	5.0~18.5	0.1~0.57

从表 3.1 可见，塑料的成型收缩率的绝对数值一般在 $10^{-3} \sim 10^{-2}$ 的数量级，比金属、玻璃、陶瓷大 1~2 个数量级。收缩率绝对值过大不利于塑料制品的成型，易导致制品的表面凹陷和内部缩孔，尤其是当制品壁厚较大时，会使制品的内应力较大而产生翘曲。从表中还可看出，所有塑料的收缩率并非恒定不变，而是在一定范围内变化。在实际成型时，不仅不同品种的塑料收缩率不同，不同批次的同一品种塑料或者同一制品的不同部位的收缩率也经常不同。收缩率的大小不仅与聚合物相对分子质量大小、相对分子质量分散有关，更受到成型过程中的工艺参数的影响。收缩率波动使生产中难以控制制品尺寸，难于生产高精度尺寸的塑料制品。收缩率波动也使计算模具型腔尺寸时准确选取收缩率变得

困难。

影响塑料收缩率的因素可以从以下三个方面来分析。

（1）成型工艺参数的影响：成型工艺参数中影响最大的因素当属成型压力。提高压力可以导致塑料制品密度增加，从而降低收缩率。

提高物料温度会使制品体积膨胀而使压入型腔的物料减少，使收缩率增大；但随着物料温度的升高，黏度减小，则会将压力传递到型腔中，又使收缩率降低；最终收缩率的大小取决于这两种效应的综合影响。一般情况下，黏性对温度变化更敏感的塑料，后者的效应作用较大，从而导致收缩率降低；对于黏性随温度改变不敏感的塑料，前者的作用较大，从而使其收缩作用增强。

提高模具温度一般会使收缩率增大，特别是对于结晶型塑料。延长保压时间可以使收缩率减小，但是一旦浇口已经封闭，再延长保压时间便不再会对收缩率有影响。

（2）塑料制品结构的影响：制品壁厚增大，收缩率增大。同一制品壁厚较大部位的收缩率总是大于壁厚较小部位。制品收缩受到阻碍方向的收缩率总比无阻碍方向要小，例如，带通孔制品的孔方向收缩要小于其轴向收缩，靠近嵌件部位的收缩要小于远离嵌件部位的收缩。形状复杂制品的收缩要小于形状简单制品的收缩。流动方向与垂直于流动方向的收缩也有明显差别。一般地，流动方向收缩率大于垂直于流动方向的收缩率。

（3）模具结构的影响：模具结构对收缩率主要的影响因素是浇注系统的设置，包括浇口位置、浇口截面面积和浇口数量。浇口的数量和开设的位置不同，熔体进入型腔后的流向和流程便不同，使聚合物分子链取向方向和程度不同，不仅影响收缩率大小，还影响制品各部位和各方向收缩的差别程度。浇口截面面积大，有利于传递压力和补料，使收缩率减小。但采用截面大的浇口，要求有相应的较长保压时间，以便使浇口处熔体凝固，否则过早地结束保压，会因浇口尚未冻结封闭而使熔体从型腔内倒流至浇口外，反而会增大收缩率并引起制品的其他弊病。制品远离浇口部位的收缩率要比靠近浇口部位的收缩率大。

模具温度调节系统的设置有助于保持模具温度的恒定，能减少收缩率的波动。在可能的情况下采用较低的模温可以减小收缩率。

二、流动性

所有塑料都是在熔融状态下加工成型的，流动性是塑料成型过程中应具备的基本特性和标志。流动性好的塑料容易充满复杂的型腔并获得精确的形状。热塑性塑料的流动性常用熔体流动速率指数来表征，简称熔融指数（Melt Flow Index，MFI）。熔融指数是指将塑料在规定温度下熔融，并在 10 min 内以规定压力从一个规定直径和长度的仪器口模中挤出的材料克数。熔融指数值越大，材料流动性越好。由于材料的流动性与聚合物的相对分子质量有关，相对分子质量越大，流动性越差。因此，熔融指数用于定性地表示相对分子质量的大小，成为热塑性塑料规定品级的重要数据。同一种品种的塑料材料，规定出各种不同的熔融指数范围，以满足不同成型工艺的要求。

熔融指数测量仪虽然具有结构简单、使用简便等优点，但测试时熔体的剪切速率仅在 $10^{-2} \sim 10^{-1} \text{ s}^{-1}$ 范围内，属于低剪切速率下的流动，远比注塑成型加工中通常的剪切速率的范围 $10^2 \sim 10^4 \text{ s}^{-1}$ 要低。因此，通常测量的熔融指数并不能说明注塑时塑料熔体的实际流动性能。

采用毛细管流变仪可测得剪切速率在 $10^1 \sim 10^5 \text{ s}^{-1}$ 范围内的熔体表观黏度。黏度是描述塑料流动行为的最重要量度，在注塑成型计算机模拟技术中已广泛应用。毛细管流变仪的工作原理也十分简单，塑料熔体在流变仪料筒内保持恒温并被压入规定内径和长度的毛细管内，通过测量其流量和压力降便可获得其表观黏度值。

一般可将常用的热塑性塑料的流动性分为以下三类。

（1）流动性好：如 PE、PP、PS、尼龙、醋酸纤维素等。

（2）流动性较好：如有机玻璃、聚甲醛、改性聚苯乙烯（ABS、AS、HIPS）及氯化聚醚等。

（3）流动性差：如 PC、硬聚氯乙烯、聚砜、聚芳砜、聚苯醚等。

热固性塑料的流动性测试方法与热塑性塑料类似，但又不完全相同。最常用的有拉西格流动性和螺旋流动长度测试两种。拉西格流动性是在规定温度和压力下，将塑料配料从规定口径和长度的拉西格流动仪中在规定时间内挤出的长度（mm）表示，其值越大塑料的流动性越好。螺旋流动长度测试是将塑料配料装入一个标准的传递模加料室中，模具的型腔呈螺旋状。在规定的温度、压力和时间内，通过柱塞的挤压，塑料通过流道被挤入螺旋状型腔的长度即为该塑料的螺旋流长度，其值越大，流动性越好。拉西格流动性和螺旋流动长度都是热固性塑料配料在规定条件熔融塑化、熔体黏度、凝胶速率等综合特性的一个量度，其值越小，热固性塑料配料流动性越小，同时配料中各成分比例主要与填料的用量和性质有关。

三、结晶性

如任务 1 中所述，高分子聚合物按其分子结构可分为结晶型和无定型两类。用 X 射线衍射方法研究发现，尽管许多聚合物并不具有很规则的宏观外形，但包含着许多微小晶粒，这些晶粒内部结构与普通晶体类似，具有三维规则有序的特征。通过规则的折叠方式，长径比很大的链状分子整齐地排列成微小晶粒。聚合物结晶结构的基本单元为薄晶片，称为片晶。在一定条件下，无数片晶可以一个结晶中心向四面八方生长，发展成球状的多晶聚集体，称为球晶。球晶在热塑性塑料的制品中是一种最常见的结晶结构单元。

聚合物能否结晶取决于分子链结构的规整性，只有具有充分规整结构的聚合物才能形成结晶结构。因此，只有那些具有高度规整结构的线性或带轻微支链结构的热塑性聚合物才有可能结晶。热固性聚合物由于具有三维网状结构，因此不可能结晶。热塑性聚合物中，分子链上含有不规则排列的侧基，或者分子链是由两种单体共聚生成，而两种单体又以随机方式排列，都大大减小了结晶的可能性。聚合物是否容易结晶还与分子链的柔性有关，柔性越好，结晶越容易，因为其柔性有助于结晶时分子链的重排与折叠。

聚合物的结晶与低分子物质的结晶有着很大区别。聚合物结晶速度慢，结晶不完全，晶体不整齐。由于结晶不完全，结晶型塑料不像低分子结晶化合物那样具有明确的熔点，结晶型塑料的熔化是在比较宽的温度范围内完成的，其完全熔化时的温度称为熔点。熔点和熔化温度随着聚合物的结晶程度变化，结晶程度高的熔点较高。

聚合物结晶的不完全性通常用结晶度来表示，一般聚合物的结晶度为 10%~60%。由于聚合物达到完全结晶时所需时间太长，有的需要几年甚至几十年的时间，因此通常将结晶度达到50%的时间倒数作为评定各种聚合物结晶速度的标准。

能够结晶的常用塑料有PE、PP、聚四氟乙烯、尼龙、聚甲醛等。无定型的常用塑料有PS、ABS、有机玻璃、聚砜、PC等。

结晶型塑料在注塑时有以下特点：

（1）结晶型塑料必须加热至熔点温度以上才能达到软化状态。由于结晶熔解需要热量，结晶型塑料达到成型温度要比无定型塑料达到成型温度需要更多的热量。

（2）塑料制品在模内冷却时，结晶型塑料要比无定型塑料放出更多的热量，因此结晶型塑料制品在模具内冷却时需要较长的冷却时间。

（3）由于结晶型塑料固态的密度与熔融时的密度相差较大，因此结晶型塑料的成型收缩率较大，达到0.5%~3.0%，而无定型塑料的成型收缩率一般为0.4%~0.6%。

（4）结晶型塑料的结晶度与冷却速度密切相关，在结晶型塑料成型时应按要求控制好模具的温度。

（5）结晶型塑料各向异性显著，内应力大，脱模后制品内未结晶的分子有继续结晶的倾向，易使制品变形和翘曲。

四、吸湿性

塑料中因有各种添加剂，使其对水分有不同的亲疏程度，所以塑料大致可分为吸湿也粘附水分及非吸湿也不易粘附水分两种，塑料中含水量必须控制在允许范围内，不然在高温、高压下水分变成气体或发生水解作用，使树脂起泡、流动性下降、外观及力学性能不良。

所以吸湿性塑料必须按要求采用适当的加热方法及规范进行预热，在使用时防止再吸湿。

任务工单

任务名称		组别	组员：

一、任务描述
1. 简述注塑工艺具体流程。
2. 注塑成型工艺参数有哪些？选取一种塑料，给出其合适的成型参数。
二、实施（完成工作任务）

工作步骤	主要工作内容	完成情况	问题记录

续表

三、检查（问题信息反馈）		
反馈信息描述	产生问题的原因	解决问题的方法

四、评估（基于任务完成的评价）

1. 小组讨论，自我评述任务完成情况、出现的问题及解决方法，小组共同给出改进方案和建议。
2. 小组准备汇报材料，每组选派一人进行汇报。
3. 教师对各组完成情况进行评价。
4. 整理相关资料，完成评价表

指导教师评语：

任务完成人签字：　　　　　　　　　　　　　　日期：　　　年　　月　　日
指导教师签字：　　　　　　　　　　　　　　　日期：　　　年　　月　　日

参 考 文 献

[1] K. HIMASEKHAR, L. S. TURNG, V. W. WANG and H. H. CHIANG. Current trends in CAE: simulations of latest innovations in injection molding. Advanced in Polymer Technology, 1993, 12 (3): 233-241.

[2] H. H. CHIANG, K. HIMASEKHAR, N. SANTHANAM AND K. K. WANG. Advances in computer aided engineering (CAE) of polymer processing. Computer in Engineering, 1994, 49: 247-264.

[3] 李德群, 唐志玉. 中国模具设计大典——第二卷轻工模具设计 [M]. 南昌：江西科学技术出版社, 2003.

[4] 杨伟才. 我国塑料工业现状及发展趋势 [J]. 工程塑料应用, 2007, 35 (05): 5-8.

[5] KIM S. W., TURNG L. S. Developments of three-dimensional computer-aided engineering simulation for injection moulding [J]. Modelling and Simulation in Materials Science and Engineering, 2004, 12 (3): 151-74.

[6] TOOR H. L., BALLMAN R. L., COOPER L. Predicting Mold Flow by Electronic Computer [J]. Modern Plastics, 1960, 39 (12): 117.

[7] RICHARDSON S. Hele Shaw flows with a free boundary produced by the injection of fluid into a narrow channel [J]. Journal of Fluid Mechanics Digital Archive, 1972, 56 (04): 609-18.

[8] 王兴天. 注塑成型技术 [M]. 北京：化学工业出版社, 1989.

[9] 钟志雄. 塑料注塑成型技术 [M]. 广州：广东科技出版社, 2005.

[10] 金新明. 注射参数智能化设定方法及质量控制的研究 [D]. 广州：华南理工大学图书馆, 2000.

[11] 张信群. 塑料成型工艺与模具结构 [M]. 2版. 北京：人民邮电出版社, 2010.

项目 4　注塑机

项目引入

注塑机又称注塑成型机或注塑机，是用来完成注塑成型过程的设备。利用注塑成型机能够一次成型出形状复杂、精密度高和带有嵌件的塑料制品，且具有成型周期短、制品外观质量好、生产效率高、易于实现自动化等特点。本项目旨在帮助学生深入了解注塑机的分类、结构组成、工作原理及主要技术参数等，进而能够对注塑机的有关技术参数进行校核并具备准确选用合适的注塑机的能力。

项目目标

知识目标
(1) 了解注塑机的分类。
(2) 掌握注塑机的结构组成和工作原理。
(3) 了解注塑机的主要技术参数。

技能目标
(1) 根据实际需求对注塑机有关技术参数进行选择与校核。
(2) 能够正确选用注塑机。

素养目标
(1) 具有良好的设备操作规范意识。
(2) 具有创新意识和创新精神。
(3) 具有良好的职业道德、职业素质及团队合作精神。

任务 1　注塑机简介

【任务描述】

通过该任务的学习，了解注塑机的种类，掌握注塑机的工作原理。

【知识链接】

一、注塑机发展

注塑机是随着塑料工业的发展而兴起的，最初的注塑机是参照金属压铸机的原理设计的。1932 年，由德国布劳恩厂生产出了第一台全自动柱塞式注塑机。随着塑料工业的发展，注塑机的新产品不断出现。1948 年，注塑机的塑化装置开始使用螺杆，1959 年，第一台螺杆式注塑机问世，这是塑料工业的一大突破，推动了注塑成型的广泛应用。在此阶段，绝大多数是锁模力为 1 000～5 000 kN、注射量为 50～2 000 g 的中小型注塑机。到 20 世纪 70 年代后期，随着工程塑料的不断发展，注塑机在机械、汽车、船舶和大型家用电器等领域展示出广泛的应用价值，使大型注塑机获得快速发展。其中，美国表现得尤为明显。

中国自主研制的第一台注塑机诞生于 20 世纪 50 年代后期，至今已有近 70 年的历史。由最初的手动注塑机，到液压手动、半自动、全自动、油电复合注塑机，再到今天的全电动注塑机，我国的注塑机行业实现了飞速发展。生产注塑机的厂家不断增多，种类多样，从普通注塑机、精密注塑机到特种注塑机，在全球注塑制造业中占据着至关重要的地位。海天开发了中国最大锁模力注塑机，用于汽车零部件的生产。震雄开发了光盘生产专用机和聚酯瓶坯注射专用机。

尽管我国的注塑机行业有了突飞猛进的发展，但在特大型、专用、精密注塑机的生产制造方面与工业发达国家还存在着一定的差距。近年来，工业发达国家的注塑机生产厂家在不断提升普通注塑机的功能、质量、辅助设备的配套能力及自动化水平的同时，致力于开发研制大型注塑机、专用注塑机、反应注塑机和精密注塑机，以满足生产塑料合金、磁性塑料、带嵌件的塑料制品的实际需求。

随着新型合成材料的不断涌现，对高精度注塑件需求量的日趋增加，以及绿色环保意识的逐渐养成，人们对注塑机的要求也越来越高，各类紧密型、节能型、环保型等注塑机不断涌现。

二、注塑机的分类

注塑机可按注射装置和锁模装置的排列方式、驱动方式、塑化方式、锁模力的不同进行分类。

（一）按注射装置和锁模装置的排列方式分类

按照注射装置和锁模装置的排列方式，注塑机可分为卧式、立式和角式。

1. 卧式注塑机

卧式注塑机是最常见的类型，其合模部分和注射部分处于同一水平中心线上，且模具是沿水平方向打开的，其特点如下。

（1）机身矮，加料方便，易于操作和维修。

（2）机器重心低，安装较平稳。

（3）制品顶出后可利用重力作用自动落下，易于实现全自动操作。

目前，市场上的注塑机多采用此种型式，如图 4.1 所示。

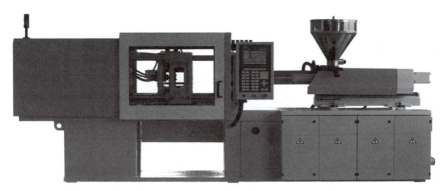

图 4.1　卧式注塑机

2. 立式注塑机

立式注塑机的合模部分和注射部分处于同一垂直中心线上，且模具是沿垂直方向打开的，其特点如下。

（1）占地面积较小，其占地面积约是卧式机的一半，因此，换算成占地面积生产性约有两倍。

（2）容易安放嵌件，因为模具表面朝上，嵌件放入定位容易。采用下模板固定、上模板可动的机种，拉带输送装置与机械手相组合时，可较容易地实现全自动嵌件成型。

（3）模具的重量由水平模板支撑，做上下开闭动作，不会发生类似卧式机的由于模具重力引起的前倒，使模板无法开闭的现象，有利于持久性保持机械和模具的精度。

（4）通过简单的机械手可取出各个塑件型腔，有利于精密成型。

（5）装卸模具较方便。

（6）自料斗落入的物料能较均匀地进行塑化。

（7）配备有旋转台面、移动台面及倾斜台面等形式，容易实现嵌件成型、模内组合成型。

（8）制品顶出后不易自动落下，必须用手取下，不易实现自动操作。

立式注塑机宜用于小型塑料注塑成型，一般 60 g 以下的塑料注塑机采用较多，大、中型机不宜采用，如图 4.2 所示。

3. 角式注塑机

角式注塑机注射螺杆的轴线与合模机构模板的运动轴线相互垂直排列，其优缺点介于立式与卧式之间。因为其注射方向和模具分型面在同一平面上，所以角式注塑机适用于开设侧浇口的非对称几何形状的模具或成型中心不允许留有浇口痕迹的制品。其占地面积虽比卧式注塑机小，但放入模具内的嵌件容易倾斜落下。该型式的注塑机宜用于小型

图 4.2　立式注塑机

机,如图4.3所示。

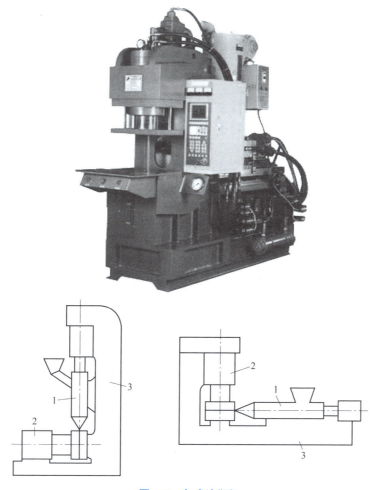

图 4.3　角式注塑机
1—注射装置；2—合模装置；3—机身

（二）按驱动方式分类

按驱动方式的不同,注塑机可分为液压式、电动式和电液混合式。

1. 液压式注塑机

液压式注塑机分两种：（1）直压式,移模动作与合模力的产生与保持是在液压力连续作用下完成的；（2）程序式,移模动作与合模力的产生与保持是分段完成的,移模到位后才起高压。全液压式注塑机在成型精密、形状复杂的制品方面有许多独特优势,它从传统的单缸充液式、多缸充液式发展到现在的两板直压式,以两板直压式最具代表性,但其控制技术难度大,机械加工精度高,液压技术也难掌握。

2. 电动式注塑机

与传统的全液压注塑机相比,全电动注塑机在动力驱动系统上彻底抛弃了全液压机油泵电机产生的液压驱动系统,而采用伺服电机（servomotor）驱动,传动结构采用滚珠丝杆和同步皮带,大幅度提高了注塑机动力系统的控制精度,彻底解决了液压油对环境的污染问题，机械产生的噪声也随之下降。据报道，目前较先进的全电动式注塑机节电可以达到 70%。全电动注塑机控制系统比液压机简洁，控制精度较高，转速也较稳定，可以多级调节，还可实现复杂同步动作，缩短生产周期。但全电动式注塑机在使用寿命上不如全液压式注塑机，而全液压式注塑机要保证精度就必须使用带闭环控制的伺服阀，而伺服阀价格昂贵，带来成本的上升。

3. 电液混合式注塑机

电液混合式注塑机是集液压和电驱动于一体的新型注塑机，其融合了全液压式注塑机的高性能和全电动式的节能优点，这种电动-液压相结合的复合式注塑机已成为注塑机技术发展方向之一。

（三）按塑化方式分类

按塑化方式的不同，注塑机可分为柱塞式、螺杆式和螺杆预塑柱塞注射式。

1. 柱塞式注塑机

柱塞式注塑机结构简单，制造方便，但它仅是靠料筒壁加热和分流梭的传热来塑化塑料，另一方面柱塞推动塑料无混合作用，单纯柱塞推动不能有很好的剪切和摩擦作用，混炼性很差，塑化效果不良，适用于小型注塑机。对热敏性塑料、大、中型注塑机不适用。柱塞式注塑机现在已很少使用。

2. 螺杆式注塑机

螺杆式注塑机依靠螺杆进行塑化与注射，结构简化，制造方便，混炼性好，传热、塑化良好，模塑质量高，改善了柱塞式的很多不足之处，适用于流动性差、具有热敏性的塑料，大、中、小型制品均可，应用广泛。

3. 螺杆预塑柱塞注射式注塑机

螺杆预塑柱塞注射式注塑机具有较高效的塑化功能，且比螺杆式注塑系统更完善。该注塑机不仅具备螺杆的剪切能力，塑化能力强且效率高，而且具有柱塞挤出无剪切作用，不受树脂分子量高低限制的优点。不仅如此，塑化和挤出动作分开，相对螺杆式可以同时进行塑化和推进动作，缩短了注塑的时间。此外，角式的排列方式还缩短了设备的长度。

（四）按锁模力分类

按锁模力的不同，注塑机可分为小型、中型和大型，如表 4.1 所示。小型注塑机锁模力小于 250 t，中型注塑机锁模力为 250~650 t，大型注塑机锁模力大于 650 t。

表 4.1 注塑机按锁模力分类

类型	锁模力/t
小型	< 250
中型	250~650
大型	>650

三、注塑机的工作原理

注塑机的工作原理是借助螺杆（或柱塞）的推力，将已塑化好的熔融状态（即黏流态）的塑料以高压快速注射入闭合好的模腔内，经固化定型后取得制品的工艺过程。

注塑成型是一个循环的过程，注塑机的工作循环如图4.4所示。

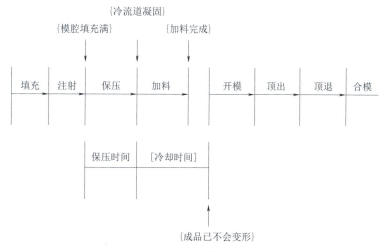

图 4.4　注塑机的工作循环

（1）合模：模板快速接近定模板（包括慢—快—慢速），并且确认无异物存在的情况下，系统转为高压，将模板锁合（保持油缸内压力）。

（2）注射台前移到位：射台前进至指定位置，即喷嘴与模具紧贴。

（3）注射：可设定螺杆以多段速度、压力和行程，将料筒前端的熔料注入模腔。

（4）保压和冷却：按照设定的压力和时间段，保持料筒的压力，使模腔内的塑料制品冷却成型。

（5）冷却和预塑：模腔内制品继续冷却，传统上应用液压电机驱动螺杆旋转将塑料粒子前推，螺杆在设定的背压控制下后退。当螺杆后退到预定位置，螺杆停止转动，注射油缸按设定松退，预料结束。

（6）注射台后退：预塑结束后，注射台后退至指定位置。

（7）开模：模板后退至原位（包括慢—快—慢速）。

（8）顶出：在顶出机构的作用下将制件顶出。

注塑机有三种操作方式：一般注塑机既可手动操作，也可半自动和全自动操作。手动操作是指在一个工作循环中，每一个动作均由操作者拨动操作开关实现，一般在试机调模时才选用；半自动操作时，注塑机可以自动完成一个工作循环的动作，但每一个工作循环完成后，操作者必须打开安全门，取下制件，再关上安全门，注塑机方可继续下一个工作循环的生产；全自动操作时，注塑机在完成一个工作循环的动作后，可自动进入下一个工作循环的生产，即在正常的连续生产过程中，无须停机进行控制和调整。但值得注意的是，若采用全自动生产，中途不要打开安全门，否则会导致全自动操作中断。

任务 2　注塑机典型结构

【任务描述】

通过该任务的学习,了解注塑机的结构,熟悉注射单元和锁模单元中各组成部分在注塑机中的功用,进而对注塑机的结构组成有更为深刻的认识。

【知识链接】

一、注塑机的典型结构

注塑机主要包括注射部件、合模部件、液压控制系统和电气控制系统等四部分。注塑机的结构如图4.5所示。

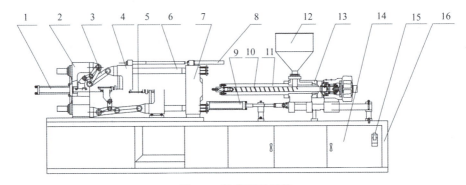

图4.5　注塑机的结构

1—合模油缸；2—尾板；3—连杆机构；4—动模板；5—顶出油缸；6—拉杆；
7—定模板；8—保险杆；9—射移油缸；10—螺杆；11—料筒；12—料斗；
13—注射油缸；14—电控箱；15—电源总开关；16—机身

1. 注射部件

注射部件是注塑机的"心脏",包括料斗、料筒、螺杆及其驱动装置、加热器、计量装置和喷嘴等。注射部件的功用是加热熔融塑料,使其达到黏流状态,并施加高压,使其射入模具型腔。

2. 合模部件

合模部件对生产能力和制品的质量产生直接影响,主要包括前后固定模板、拉杆、连杆机构、移动模板、合模油缸、调模机构和制品推出机构等。合模部件的功用是提供足够的合模力,使注塑机在注塑时,实现模具的可靠锁紧;在规定时间内以一定的速度闭合和打开模具;顶出模内制品。

3. 液压控制系统和电气控制系统

液压控制系统是注塑机的动力系统,电气控制系统则是控制系统,其功用是保证注塑成型按照预定的工艺要求(压力、温度、速度及时间)和程序准确运行。

二、注射单元

注射单元是反映注塑机优劣的重要部分，其主要作用如下。
（1）准备塑料（加热/混合）。
（2）注射塑料（注射）。
（3）压实塑料（补缩/保压/减压）。

注射单元实现任务的重要控制参数如下。
（1）准备塑料：温度（进料口、料筒、射嘴）、螺杆转速、背压、螺杆回料位置（塑化和松退位置）。
（2）注射塑料：注射压力、位置（螺杆速度改变）、填充速度和填充时间。
（3）压实塑料：保压压力、保压速度和保压时间。

（一）料筒

料筒是一根长、厚的钢管。料筒上安装有加热圈、热电偶，如图4.6所示。控制器根据热电偶测量并通过加热圈调节料筒的温度。控制器只感测热电偶的温度，这并不代表塑料的温度。塑料温度是注塑工艺的主要变量。

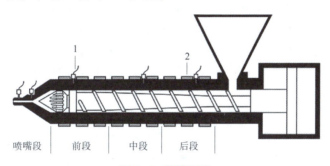

图4.6 料筒组件
1—热电偶；2—加热圈

料筒的容量是以PS料的盎司数表示。

加热圈：电加热圈-矿物填充，云母或陶瓷-加热料筒。沿料筒长度，加热圈被分为几个区段，然后各个区段都连接温度控制器。温度控制分为两类：开环控制-电压控制和闭环控制-比例控制。闭环控制需要在塑料和加热圈之间安装热电偶，最好安装在料筒钢材内部。加热圈实物如图4.7所示。

图4.7 加热圈实物

(二) 螺杆

1. 螺杆的基本结构

注塑机螺杆具有输送、熔融、混炼、压缩、计量与排气功能，是塑化部件中的关键部件。它和塑料直接接触，对塑料进行输送、压实、熔化、搅拌和施压，所有这些是通过螺杆在料筒内的旋转和轴向运动完成的。在螺杆旋转时，塑料对于机筒内壁、螺杆螺槽底面、螺棱推进面及塑料与塑料之间都会产生摩擦及相互运动。塑料通过螺槽的有效长度，经过很长的热历程，要经过三态（玻璃态、黏弹态、黏流态）的转变，螺杆各功能段的长度、几何形状、几何参数将直接影响塑料的输送效率和塑化质量，将最终影响注塑成型周期和制品质量。

螺杆通常分为三段，如图4.8所示。

（1）进料段：传送塑料。原料进入进料段时，颗料预热，变成弹跳体，此时料沟中的原料与原料之间有很多空隙，非饱和状态，加上螺杆旋转时的滞留，真正进入压缩段的原料比例只有40%左右。

（2）输送段：熔化塑料。随着螺杆转动时原料前进及吸收热量够多，开始熔融及压缩，使原料与原料之间的空隙变得非常小，产生摩擦，（剪切速率）因而产生高热（自热），此时分子链之间脱离，分子活动开始自由，并且释放出水蒸气与气体。

（3）计量段：混合塑料。此时的原料的熔融有70%~80%，分子活动非常自由，由于料管不动，产生阻力，附近的原料（分子）前进慢，螺杆转动产生动力，附近分子前进速度快，在动力与阻力之间造成滞留及未完全熔融现象，所以螺杆转速的控制与背压非常重要。

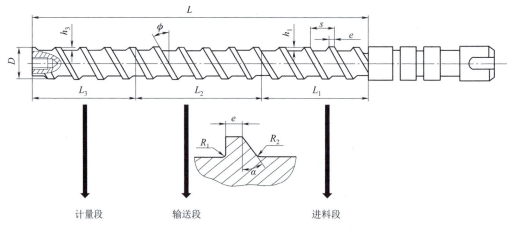

图 4.8 螺杆的基本结构

注：各段的螺纹槽深度不同。

2. 螺杆的分类

（1）通用型螺杆：压缩段长度介于突变型螺杆与渐变型螺杆之间，但塑化质量和能耗比专用型差，以适应结晶性与非结晶塑料熔融塑料化的要求。

（2）渐变型螺杆：指螺槽深度由加料段深的螺槽向均化段的螺槽逐渐过渡，主要用于加工具有宽的软化温度范围，高黏度非结晶型塑料，如聚氯乙烯等。

（3）突变型螺杆：指螺杆槽深度由深变浅的过程是在一个较短的轴向距离内完成的，主要用于加工黏度、熔点明显的结晶型塑料，如 PE、PP 等。

3. 长径比

长径比是指螺杆的有效长度 L 和直径 D 之比，如图 4.9 所示。如果长径比太小，直接影响物料的熔化效果和熔体质量；如果长径比太大，则传递扭矩加大，能量消耗增加。热稳定性较佳的塑料可用较长的螺杆以提高混炼性而不烧焦，热稳定性较差的塑料可用较短的螺杆或螺杆尾端无螺纹。

图 4.9　长径比

常见塑料的长径比如下。

（1）热固性为 14~16。

（2）硬质 PVC、高黏度 PU 等热敏性为 17~18。

（3）一般塑料为 18~22。

（4）PC、POM 等高温稳定性塑料为 22~24。

4. 压缩比

压缩比是指进料段螺杆槽深度与计量段螺杆槽深度之比。不同材料使用的压缩比如下。

（1）低压缩比为 1.5∶1~2.5∶1，用于剪切敏感类材料。

（2）中压缩比为 2.5∶1~3∶1，用于通用材料。

（3）高压缩比为 3∶1~5∶1，用于结晶型材料。

（4）判断压缩比是否合适的方法：在正常的成型周期内，产品上是否出现黑纹或未熔化粒料。

5. 螺杆的作用

（1）螺杆有以下运动方式。

①注射前进：液压缸内的油压起作用。

②塑化后退：料筒前段的塑料压力起作用。

③塑化转动：电机（液压或电动）起作用。

（2）螺杆的特殊结构和运动方式能达到以下目的。

①输送塑料到料筒前段。

②产生摩擦和剪切热量，快速熔化塑料。

③混合塑料，提供均匀的熔体温度和颜色分布。

④完成注射和保压过程。

（三）止逆阀

止逆阀的作用在于防止注塑过程中塑料沿着螺杆螺纹回流，如图4.10所示。常见的止逆阀设计有滑环、球形阀、提升阀和锥形头等。其中，锥形头用于剪切敏感材料，不是一个止逆阀。在加工一些热敏性塑料，如PVC或者热固性塑料时，为了减小剪切作用和滞留时间，通常不用止逆阀。

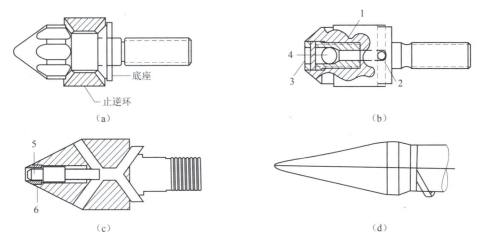

图4.10　常见止逆阀

（a）滑环；（b）球形阀；（c）提升阀；（d）锥形头
1—镶件；2—入口；3—材料出口；4—球体；5—提升阀；6—卡环

在螺杆旋转过程中，止逆环被塑料向前推动，熔化的塑料通过打开的通道流动到螺杆的前部；在注射过程中，螺杆没有旋转，并向前推动。止逆环受到压力，靠到阀座上，可阻止塑料回流。

（四）喷嘴

喷嘴是用螺纹紧固在料筒端盖/接头组件上的料筒"小导管"，它提供了料筒和模具之间的连接，如图4.11所示。喷嘴与主流道衬套的配套形式有通用型、倒锥限制通道型和连续锥度型。

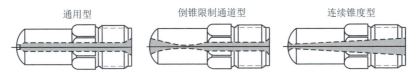

图4.11　喷嘴与主流道衬套的配套关系

（五）料斗

料斗位于进料区域上方，它储存了一定量的塑料材料以供使用，如图4.12所示。材料是从料斗通过进料口下落到料筒中。进料口安装了冷却管道来防止材料在进料口区域熔化，它通过控制冷却套管内的冷却液温度实现。正确的进料口温度设定应该是在塑料熔化和发生冷凝之间的平衡。这在工艺设定中是不可忽略的。

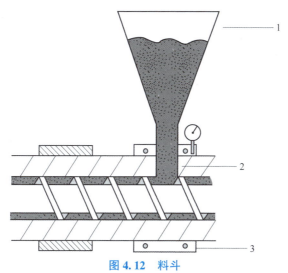

图 4.12　料斗

1—料斗；2—进料口；3—冷却套管

三、锁模单元

注塑机锁模单元的主要功能如下。

(1) 安装模具。

(2) 打开和关闭模具。

(3) 提供锁模力以保持模具闭合，抵抗注射阶段的开模力。

(4) 顶出产品。

另外，锁模系统信号主要功能如下。

(1) 控制模具内侧向抽芯动作。

(2) 控制热流道阀针系统。

(3) 控制机械手。

锁模单元主要由模板、拉杆、顶出机构和锁模机构等组成。

(一) 模板和拉杆

1. 模板的功能

模板如图 4.13 所示，其中，定模座板是使定模固定在注塑机的固定工作台面上的板件；动模座板是使动模固定在注塑机的移动工作台面上的板件；尾座模板是起支撑作用的板件。

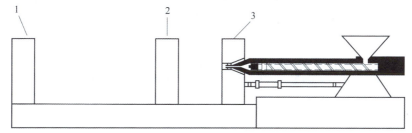

图 4.13　模板

1—尾座模板；2—动模座板；3—定模座板

(1) 定模座板。安装模具的定模侧，通常是型腔侧。中心有一个大孔，用于定位模具，喷嘴通过该孔与模具主流道衬套接触。注射单元射座的拉进油缸连接到该板。

(2) 动模座板。安装模具的动模侧，通常是型芯侧。可前后移动。

(3) 尾座模板。尾座模板作为支撑模板。

2. 拉杆和模板

(1) 动模板沿着拉杆前后滑动。

(2) 拉杆：高强度钢材制作的杆件穿过每个座板的角部；使用大型螺母连接固定到定模座板和尾座模板上。

（二）顶出机构

多数注塑机上装有顶出机构，用来顶出产品。

(1) 顶出机构一般跟注塑机的移动板连接。

(2) 液压顶出机构是由液压缸通过顶杆接触模具的顶针板，并顶出塑料产品。

顶出要控制的参数包括顶出压力、顶出行程、顶出速度和顶出次数。

（三）锁模机构

通常有两种机构来完成锁模和提供锁模力：曲肘锁模（尾座板可以移动）和液压锁模（尾座板不可以移动）。

1. 曲肘锁模机构

曲肘锁模机构具有以下特点。

(1) 液压缸使曲肘伸缩并导致移动板前后运动。

(2) 曲肘伸直并锁死，格林柱被拉伸产生锁模力。

(3) 由于曲肘伸直长度不变，通过调整尾座板的位置以适应不同的模具厚度。

(4) 锁模力作用在移动板和固定板的四周。

(5) 锁模力随模具温度的变化而变化。

2. 液压锁模机构

液压锁模机构具有以下特点。

(1) 液压缸产生锁模力。

(2) 锁模力作用在移动板的中心。

(3) 最小模具厚度受到液压缸活塞杆行程的限制。

(4) 尾座板固定不可移动。

(5) 锁模力不随模温而变化。

通常固定板一侧的中心位置是模具发生变形的最大位置，为防止固定板和模具过度变形，一般要求模具的长宽尺寸必须超过格林柱空间尺寸的2/3以上。

任务3　注塑机典型性能参数

【任务描述】

通过该任务的学习，了解注塑机的主要技术参数，能够对注塑机有关技术参数进行校核。

【知识链接】

一、最大注射压力

注射时，料筒内的螺杆或柱塞对熔料施加足够大的压力，此压力称为注射压力。其作用是克服熔料从料筒流经喷嘴、流道和充满型腔时的流动阻力，给予熔料充模的速率以及对模内的熔料进行压实。其大小对制品的尺寸和重量精度，以及制品的内应力有重要影响。

为了满足不同加工需要，许多注塑机配备有2~3根不同直径的螺杆及料筒供选用。由于注射油缸和油压不变，因此改变螺杆直径便改变了最大注射压力。使用较小直径的螺杆，可对应获得较大的最大注射压力。在螺杆直径一定时，还可以通过调节注射系统的油压来改变最大注射压力。

二、注射速率

注射时为了使熔料快速充满型腔，除了必须有足够的注射压力外，熔料还必须有一定的流动速度，相关参数为注射速率、注射速度或注射时间。注射速率是将公称注射量的熔料在注射时间内注射出去，单位时间所能达到的体积流率；注射速度是指螺杆或柱塞的移动速度；而注射时间，即螺杆射出一次公称注射量所需要的时间。注射速率、注射速度或注射时间的选择很重要，它们将直接影响制品的质量和生产率。注射速率过低，制品容易形成冷接缝，不容易充满复杂的型腔，合理地提高注射速率，能缩短生产周期，减少制品的尺寸公差，能在较低的模温下获得优良的产品。因此，目前有提高注射速率的趋势。一般来说，注射速率的选择应当根据工艺要求、塑料的性能、制品的形状及壁厚、浇口的设计及模具的冷却情况选定。为了提高注射制件的质量，尤其是对形状复杂的制件的成型，近年来发展了变速注塑，即注射速率是变化的，其变化规律根据制件的结构形状和塑料的性能来决定。

三、注射量

公称注射量是指在对空注射的条件下，注射螺杆或柱塞作一次最大注射行程时，注射装置能达到的最大注射量。它反映了注塑机能够生产塑料制品的最大质量，因此常用作表征注塑机规格的主要参数。

最佳的料筒使用率：使用注塑机最大注射量的20%~80%。

注射量过小：停留时间长，材料可能降解。熔化效果和均匀性较差（熔化的热量通过热传导，没有对塑料做机械功，效率低），机器可能无法达到设定的注射速度。

注射量过大：熔化效果和均匀性较差。因为停留时间过短，塑料快速通过料筒，不能均匀熔融混合。

四、塑化能力

螺杆与机筒在单位时间内（可提供熔体的最大量）可塑化树脂的能力。

螺杆的塑化能力为

$$Q_m = \frac{1}{2}\pi^2 D_s^2 h_3 n \rho k \sin\varphi\cos\varphi \tag{4-1}$$

式中，Q_m 为螺杆的塑化能力，cm^3/s；D_s 为螺杆直径，cm；h_3 为均化段螺纹深度，cm；k 为修正系数，$k=0.85\sim0.9$；n 为螺杆转速，r/s；ρ_m 为常温下塑料的密度，g/cm^3；φ 为螺纹升角，当螺距 $S=D_s$ 时 $\varphi=17.7°$。

螺杆的塑化能力，即在规定的时间内，保证提供足够量的塑化均匀的熔料，所以塑化能力应满足

$$G \geq 3.6W/t \tag{4-2}$$

式中，t 为制件最短冷却时间，s；W 为机器注射量，g；G 为螺杆塑化能力，kg/h。

五、锁模力

锁模力又称合模力，是指熔料注入模腔时，合模装置对模具施加的最大夹紧力。当高压熔料充满模腔时，会在型腔内产生一个很大的力，使模具沿分型面胀开，因此必须依靠锁模力将模具夹紧，使腔内塑料熔料不外溢跑料。

模具不至胀开的锁模力应为

$$F = 0.1Kp_c A \tag{4-3}$$

式中，F 为注塑机额定锁模力，kN；p_c 为模具型腔及流道内塑料熔料平均压力，MPa；A 为制品及浇注系统在模具水平分型面上的总投影面积，cm^2；K 为安全系数，通常取 $1.1\sim1.2$。

锁模力是保证制品质量的重要参数，在一定程度上反映注塑机生产制品的能力，因此，它常作为表示注塑机规格大小的主要参数。

任务 4　注塑机选型

【任务描述】

通过该任务的学习，了解注塑机选型的主要步骤，具备自行判断并选择合适的注塑机的能力。

【知识链接】

注塑机选型的主要步骤及需考虑的因素。

通常来讲，对于从事注塑行业多年的客户，大多具备自行判断并选择合适的注塑机来进行生产的能力。但是在有些情况下，客户可能需要与厂商沟通协商才能够决定选用哪种规格的注塑机适用于所需产品的生产，甚至有些客户可能只有产品的样品或构思，需询问厂商机器是否可以生产，或者哪种规格的注塑机更适合进行生产。此外，对于一些特殊产品的生产，还可能需要搭配闭合回路、蓄压器及射出压缩等特殊装置，才能更有效地开展产品的生产。综上可见，如何选用合适的注塑机进行产品的生产是至关重要的

问题。

影响注塑机选用的因素很多，主要包括模具、产品、塑料、成型要求等，因此，在选型前需先收集或具备以下信息。

(1) 模具尺寸（宽度、高度和厚度）、重量、特殊设计等。

(2) 使用塑料的种类与数量（单一原料或多种塑料）。

(3) 注塑制品的外观尺寸（长、宽、高和厚度）、质量等。

(4) 成型要求，如品质条件、生产速度等。

完成以上信息后，就可依照以下步骤进行注塑机的选型。

(1) 选对型：由产品及塑料决定机种及系列。

因为注塑机种类繁多，所以最初就要先正确判断要获得的产品应由哪一种注塑机，或是哪一系列来生产，如一般热塑性塑料、电木原料或 PET 原料等，是单色、双色、多色、夹层或混色等。此外，某些产品需要高稳定（闭回路）、高精密、超高射速、高射压或快速生产（多回路）等条件，也必须选择合适的系列进行生产。

(2) 放得下：由模具尺寸来判定机台的大柱内距、模厚、模具最小尺寸及模盘尺寸是否适当，以确认模具是否能够放得下。

①模具的宽度及高度需小于或至少有一边小于大柱内距。

②模具的宽度及高度最好在模盘尺寸范围内。

③模具的厚度需介于注塑机的模厚之间。

④模具的宽度及高度需符合该注塑机建议的最小模具尺寸，也不宜过小。

(3) 拿得出：由模具及成品来判定开模行程及托模行程是否足以让成品取出。

①开模行程至少需大于成品在开关模方向的高度的两倍以上，且需含竖浇道（sprue）的长度。

②脱模行程需足够将成品顶出。

(4) 锁得住：由产品及塑料决定锁模力吨数。

当原料以高压注入模穴内时会产生一个撑模的力量，因此注塑机的锁模单元必须提供足够的锁模力使模具不至于被撑开。锁模力需求的计算如下。

①由成品外观尺寸求出成品在开关模方向的投影面积。

②撑模力量＝成品在开关模方向的投影面积（cm^2）×模穴数×模内压力（kg/cm^2）。

③模内压力随原料而不同，一般原料取 350~400 kg/cm^2。

④机器锁模力需大于撑模力量，且为了保险起见，机器锁模力通常需大于撑模力量的 1.17 倍。

至此已初步决定夹模单元的规格，并大致确定机种吨数，接着必须再进行下列步骤，以确认哪一个射出单元的螺杆直径比较符合所需。

(5) 射得饱：由成品重量及模穴数来判定所需射出量，并选择合适的螺杆直径。

①计算成品重量需考虑模穴数（一模几穴）。

②为了稳定性起见，射出量需为成品重量的 1.35 倍以上，即成品重量需低于射出量的 75%。

(6) 射得好：由塑料判定"螺杆压缩比"和"射出压力"等条件。

有些工程塑料需要较高的射出压力与合适的螺杆压缩比设计，才有较好的成型效果。

因此，为了使成品射得更好，在选择螺杆时需考虑射压的需求和压缩比的问题。通常直径较小的螺杆可提供较高的射出压力。

（7）射得快：即"射出速度"的确认。

有些成品需要高射出率及射出速度射出才能稳定成型，如超薄类成品。在此情况下，可能需要确认机器的射出率及射出速度是否足够，是否需搭配蓄压器、闭回路控制等装置。通常来说，在相同条件下，可提供较高射压的螺杆通常射速较低，相反的，可提供较低射压的螺杆通常射速较高。因此，选择螺杆直径时，射出量、射出压力及射出率（射出速度）需交叉考量及取舍。此外，也可以采用多回路设计，以同步复合动作，缩短成型时间。

经过以上步骤之后，原则上已经可以选定符合需求的注塑机，但是以下特殊问题可能还需再加以考虑。

（1）大小配的问题。在有些特殊状况下，客户的模具或产品可能模具体积小但所需射量大，或模具体积大但所需射量小。针对这种情况，厂家所预先设定的标准规格可能无法符合客户的需求，从而必须进行所谓"大小配"，即"大壁小射"或"小壁大射"。所谓"大壁小射"是指以原先标准的夹模单元搭配较小的射出螺杆，反之，"小壁大射"是指以原先标准的夹模单元搭配较大的射出螺杆。当然，在搭配上也可能夹模与射出相差好几级。

（2）快速机或高速机的观念。在实际运用中，越来越多的客户会要求购买所谓"高速机"或"快速机"。一般来说，其目的除了产品本身的需求外，其他大多是要缩短成型周期，提高单位时间的产量，进而降低生产成本，提高竞争力。通常，要达到这些目的，有以下几种手段。

①射出速度加快：将电机及泵浦加大，或加蓄压器（最好加闭回路控制）。

②加料速度加快：将电机及泵浦加大，或加料油压电机改小，使螺杆转速加快。

③多回路系统：采用双回路或三回路设计，以同步进行复合动作，缩短成型时间。

④增加模具水路，提升模具的冷却效率。

机器性能的提升及改造固然可以有效提升生产效率，但随之而来的也增大了投资成本及运转成本。因此，需要仔细衡量投资前的效益评估，才能选用最合适的注塑机机型，产生最高的效益。

任务工单

任务名称		组别	组员：

一、任务描述
1. 简述注塑机的工作原理。
2. 注射单元和锁模单元由哪些部件组成？
3. 注塑机的螺杆分为哪些区域？
4. 什么是锁模力？如何设定锁模力？
5. 简述注塑机选型的一般步骤。

续表

二、实施（完成工作任务）

工作步骤	主要工作内容	完成情况	问题记录

三、检查（问题信息反馈）

反馈信息描述	产生问题的原因	解决问题的方法

四、评估（基于任务完成的评价）

1. 小组讨论，自我评述任务完成情况、出现的问题及解决方法，小组共同给出改进方案和建议。
2. 小组准备汇报材料，每组选派一人进行汇报。
3. 教师对各组完成情况进行评价。
4. 整理相关资料，完成评价表

指导教师评语：

任务完成人签字：　　　　　　　　　　　　　　　　　日期：　　　年　　月　　日
指导教师签字：　　　　　　　　　　　　　　　　　　日期：　　　年　　月　　日

参 考 文 献

[1] 刘朝福. 图解注塑机操作与维修 [M]. 北京：化学工业出版社，2015.
[2] 李忠文，陈巨. 注塑机操作与调校实用教程 [M]. 北京：化学工业出版社，2021.
[3] 丁敬松，吴伟烈，曹争. 注塑机维修及故障处理实用教程 [M]. 北京：化学工业出版社，2015.
[4] 王加龙，戚亚光. 塑料成型工艺 [M]. 北京：印刷工业出版社，2009.
[5] 袁小会，潘军，李小庆，等. 注塑成型工艺及模具设计 [M]. 北京：中国水利水电出版社，2016.
[6] 刘来英. 注塑成型工艺 [M]. 北京：机械工业出版社，2005.
[7] 王春艳，陈国亮. 塑料成型工艺与模具设计 [M]. 北京：机械工业出版社，2021.
[8] 屈华昌，吴梦陵. 塑料成型工艺与模具设计 [M]. 4版. 北京：高等教育出版社，2018.

项目 5　注塑缺陷及消除方法

项目引入

本项目旨在帮助学生深入了解在注塑过程中可能出现的一些短射、飞边、缩水等常见缺陷的表现形式与特点，并能从材料、模具、工艺、注塑机等方面考虑问题，消除产品缺陷。

项目目标

（1）了解注塑缺陷的定义和分类。
（2）了解不同缺陷对产品质量的影响，并学习如何进行缺陷分析和判定。
（3）掌握如何调整注塑机的工艺参数、优化模具设计、选择合适的材料等，以减少或消除缺陷的发生。
（4）培养质量意识和问题解决能力，增强团队合作和沟通，有效与相关人员交流并解决注塑缺陷问题。

任务 1　短　射

【任务描述】

分析短射缺陷产生的原因，并提供相应的消除方法。

【知识链接】

一、缺陷描述

短射（又称缺料、缺胶、填充不足等）问题是常见的注塑不良之一，指由于模具模腔填充不完全而造成制品不完整的质量缺陷，即熔体在完成填充之前就已经凝结。图 5.1 所示为短射缺陷案例。

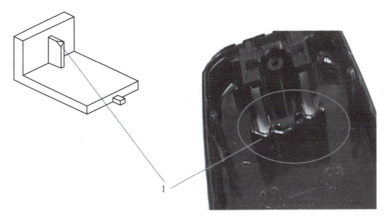

图 5.1 短射缺陷案例

1—短射

二、缺陷分析

短射缺陷分析如表 5.1 所示。

表 5.1 短射缺陷分析

成型工艺	模具	注塑机	材料
注射量不足	排气不良	止逆阀泄漏	黏度变化
压力受限	型腔不平衡	喷嘴形状不匹配	含水率不达标
注射速度过低	浇口或热嘴堵塞	料筒磨损	进料不稳定
保压压力过低	塑料卡顿	注塑机性能不良	塑化不彻底
保压切换不当	热流道温度过低	喷嘴漏料	材料污染
无背压	热流道分流板漏料		
熔体温度过低			
模具温度过低			

三、缺陷消除

(一) 成型工艺

产品短射缺陷与成型工艺相关的因素包括注射量不足、压力受限、注射速度过低、保压压力过低、保压切换不当、无背压、熔体温度过低、模具温度过低等。

1. 注射量不足

正常注射时,应填充到模具的 95%~98%,如果型腔在注射阶段填充不充分,便会发生短射。如果重量太轻,应调查是否存在下列现象。

(1) 注射量太小。

(2) 切换位置太大。

(3) 喷嘴漏料。

(4) 止逆阀漏料。

(5) 热流道分流板泄漏。

(6) 注射阶段注射时间设定不够。

在调整注射量或保压切换位置之前，应确定塑料不会发生泄漏。很多案例中会用增加注射量来解决短射，结果从热流道分流板中泄漏的塑料反而越来越多。

注射阶段的"仅填充"产品重量对于确保模具填充的可重复性至关重要。如果填充重量偏轻，可能是填充过程中的体积流量发生了变化。

2. 压力受限

成型工艺中的压力受限是指在注射阶段没有足够有效的注射压力来达到和维持设定的注射速度。影响压力受限的因素如下。

(1) 注塑机性能。注塑机无法提供足够的压力。

(2) 注射峰值压力设定太低。应确保它比实际注射峰值压力高约20%，以适应黏度的变化。

(3) 进料系统堵塞。金属块或其他污染物可能卡在喷嘴或热流道分流板中，导致压力突升。

(4) 喷嘴或热流道温度过低。

(5) 塑料流经喷嘴、流道、浇口或产品时压力损失较大。

在模具注射阶段，如果压力受到限制，注射速度就会减慢。在工艺开发过程中，应确保注射压力不受限制，设定的注射压力必须高于模具填充所需峰值压力（至少高出10%）。如果在工艺开发过程中使用了注塑机最大注射压力仍然受到压力限制，应努力找出引起高压的原因，并加以消除。

注射阶段实际压力较高也有可能是注塑机本身的原因。先检查注塑机的喷嘴，确保喷嘴类型和喷嘴头直径符合要求。再检查喷嘴是不是混炼型的，塑料通过这种喷嘴时压力降往往会有所上升。

以下模具因素也会导致压力损失升高。

(1) 到产品壁的流动距离。

(2) 浇口类型、尺寸和长度。

(3) 流道长度、类型和尺寸。

评估引起模具压力降过高的常用方法是进行压力损失测试——用短射法将塑料填充至型腔的不同位置，并记录每一模的压力峰值。但最新的研究表明，传统的压力损失测试法可能产生误导。

3. 注射速度过低

如果将填充阶段的注射速度设置太低，型腔将无法完全填满。对于大多数工艺而言，填充越快越好，因为这将有利于保持一致的黏度，由此填充型腔产生的压力损失也有限。

检查注塑机到达保压切换点所需的填充时间。如果填充时间太长，则表示注射阶段的实际速度偏慢。如果实际填充时间比设定填充时间长，则应提高注射速度设定值，使实际填充时间与设定填充时间一致。通常用实际填充时间和"仅填充"重量来度量模具的实际体积速度，而注塑机电脑屏幕上的注射速度设定值没有任何意义。例如，有些注塑机使用百分比来表示设定的注射速度。只使用"仅填充"重量和填充时间来确定注射阶段的注射工艺。在某些案例中，较高的注射速度会引起浇口附近的筋条或其他细微结构出现短射。这时候，熔体前沿先沿着阻力最小路径流动，随着型腔中压力增加，熔体再折返填充筋条等细微结构。在这种情况下，垂直于熔体流动方向的筋条风险更大。此时，降低注射速度有利于改善筋条短射现象。在降低注射速度之前，需先检查模具上筋条或细微结构位置的排气是否足够。

应避免用工艺来迁就模具缺陷。为减小飞边，虽然可以通过调整注射速度或保压切换位置实现，但是可能导致短射。很多时候，绕过模具问题进行生产会带来别的缺陷。

4. 保压压力过低

如果保压阶段压力过低，那么注射阶段完成切换后，填充将无法结束。采用 RJG 分段注塑成型技术进行分析将更为清晰，在不加保压的情况下，将模具型腔填充至 95%~98% 满。保压阶段将继续向塑料施加压力，此时模具型腔剩余 2%~5% 的部分就会被填满并压实。模具中某些细微结构，如薄的筋条需要足够高的型腔压力才能填满，否则，就会出现短射。

比较实际保压压力与工艺设定的压力是否一致。如果装置了型腔压力传感器，可验证型腔压力与模板值是否匹配。在使用液压注塑机时，应考虑设备的强化率。如果实际压力比较低，要找出原因。有时候仅仅是数据设定错误，但也可能是设备自身存在问题。

5. 保压切换不当

保压切换太早可能会导致短射缺陷。

6. 无背压

无背压最容易发生在清洗注塑机料筒以后。在清洗料筒时，如果背压较大，螺杆通常很难达到设定的注射量，此时一般需要降低背压。但如果背压降到零或非常低，注射量将变得很不稳定，并且熔料密度低，容易导致短射。

如果为了清洗螺杆降低背压，清洗完毕应将其恢复到设定值，这点很容易忘记，因此应反复确认。另一种做法是使用减压（即松退）而不是降低背压来将螺杆拉回到原来的注射量位置。

7. 熔体温度过低

熔体温度过低时，通常熔体黏度会有所上升，材料流动变得困难。高黏度材料很难充满产品的细微结构，并且导致压力损失增加，产生短射。

检查熔体温度与工艺文档是否相符，并且与材料特性相吻合。通常提高熔体温度有助于难填充的模具。但增加熔体温度会延长冷却时间，并导致材料降解。使用熔体测温头或热成像相机测量熔体温度，如果温度过低则予以升温。

8. 模具温度过低

模具温度过低时塑料熔体填充型腔的能力会受到影响，产品壁的冻结层变厚，塑料熔体在型腔中的流动受到阻碍。由于模具表面温度较低，可能导致模具在注射初始阶段存在填充较为困难的区域。

（二）模具

由于模具问题引起短射缺陷的因素包括排气不良、型腔不平衡、浇口或热嘴堵塞、热流道温度过低、热流道分流板漏料。

1. 排气不良

模具排气是引起短射最主要的原因之一。如果模具排气不畅，型腔中的困气会造成短射或烧焦。

要解决短射缺陷，首先应保证型腔表面清洁，排气道通畅。型腔表面不清洁，排气就不畅。某些材料在成型过程中有气体逸出，排气道就更容易堵塞，应格外留意。

2. 型腔不平衡

如果模具各个型腔之间彼此填充不平衡，那么有的型腔出现短射时，有的型腔可能已经充满。多型腔模具的填充不平衡度应小于3%，所有型腔才能处于同样的工艺条件下。如果型腔间存在不平衡，填充过程就会有停止/启动效应，在压力相等的条件下，塑料会沿着阻力最小路径流动。结果有的型腔先填充，滞后的型腔才开始填充，导致不同型腔之间填充和补缩出现延迟。

3. 浇口或热嘴堵塞

如果有异物堵塞浇口或热嘴，型腔的流速将受到限制。塑料流动不畅将造成短射。最常见的堵塞物是金属屑。当然，模垢或高温熔料污染也会造成热嘴堵塞。

无论是多腔模具，还是多浇口单腔模具，评估所有热嘴能否提供相近注射量的有效方法是进行一次"仅填充"注射。如果发现某个热嘴填充滞后，可能就存在异物堵塞。

一旦怀疑存在热嘴堵塞，应由有资质的模具维护人员清理热流道的热嘴。要谨防现场人员擅自清理热嘴，尤其是低残量型热嘴。低残量型热嘴内部有一个金属分流梭，清除热嘴里金属屑时，很容易损坏分流梭。

4. 热流道温度过低

热流道温度过低会导致模具填充时压力降增加，而热嘴和嘴头温度对塑料流动有着较大影响。

应确认所有热流道加热区都设置正确，并确保所有加热区的电流数及热电偶读数正确。如果热流道温度控制器设置正确，但有些加热区不加热，请检查以下各项目。

（1）热流道电源线。应确认热流道加热区按编号正确连接，检查电源线针脚是否完全插入。

（2）模具上的热流道插头。检查插头有无损伤，电源线连接是否牢靠。

（3）试用另外的电源线。如果试用别的电源线后问题得到了解决，那么检查一下那根换下的电源线，看看插头针脚间的连接是否正常。

（4）经过工艺验证后，需要对热流道加热线圈和热电偶进行检查。由于热流道异常产生过热而造成的材料降解也会导致短射。应验证热电偶是否安装正确并且温度读数准确。还要验证热流道各加热区加热是否准确，且没有超过设定温度。

5. 热流道分流板漏料

如果塑料未能正常射入型腔，那么热流道的分流板可能是发生漏料的位置之一。当分流板出现漏料时，如果增加注射量，就如同雪上加霜，会使问题更加复杂（谨记前车之鉴，应首先清除分流板中的塑料）。这也很好地说明了拥有STOP意识的重要性。如果模具无法投产，会导致维修成本和时间代价都很高。通过监控料垫可以及早发现漏料问题，降低分流板的损坏程度，维修也更省力。

热流道分流板漏料的一个常见原因是所谓的"冷启动"。塑料被射入型腔前，热流道必须充分均匀加热，并达到一定温度，确保分流板中的所有塑料都已熔化。

有些案例中，分流板漏料严重，塑料甚至烧焦冒烟，及时发现隐患并对此类故障进行处理非常关键。

（三）注塑机

很多注塑机故障都会导致短射缺陷，例如，止逆阀泄漏、喷嘴形状不匹配、料筒磨损、喷嘴漏料。

1. 止逆阀泄漏

螺杆头上止逆阀的作用是防止塑料在注射过程中倒流。如果止逆阀已出现磨损或损坏，将无法起到密封作用，塑料便会通过止逆阀倒流。如果止逆阀出现泄漏，模次间的料垫波动值会增大，或料垫始终趋于零。观察止逆阀泄漏的另一个线索是留意注射阶段螺杆是否在旋转，因为塑料回流会使螺杆发生旋转。只要保压切换位置足够大，料垫就不会降到零。延长保压时间可清楚地观察到螺杆是停止前移，还是继续前移直到触底。

2. 喷嘴形状不匹配

可供注塑机使用的喷嘴和喷嘴头有很多种，每种喷嘴头都对压力分布产生影响。与喷嘴相关的问题如下。

（1）喷嘴类型。混炼喷嘴产生的流动阻力比标准开放式喷嘴大得多。混炼喷嘴内部配有静态混炼部件，混炼喷嘴可以改善混合效果，但也增加了塑料的压力降以及材料降解的潜在可能性。

（2）喷嘴或喷嘴头长度。应使用尽可能短的喷嘴和喷嘴头。通常装有下沉式热流道浇口套的模具才需要使用加长喷嘴。长喷嘴和喷嘴头会增加压力降，并且时常有加热不稳的问题。以长度为 8 in（约 203 mm）（1 in=25.4 mm）的喷嘴配以 4 in（约 102 mm）的加热圈为例，其加热效果受加热圈在喷嘴上的位置影响，尤其是热电偶的相对位置影响。

（3）喷嘴头类型。最常见的三种喷嘴头是通用型（GP）、尼龙专用型和全锥度型喷嘴头。市场上也有混炼型喷嘴头出售。不同喷嘴头产生的压力降、剪切效应及污染风险均有所区别。通用型喷嘴头在接近喷嘴孔的地方存在死角，容易导致污染。

（4）喷嘴头孔径。喷嘴头孔径应与模具浇口套孔径相匹配，通常直径比浇口套小 1/32 in（0.8~1.0 mm）的喷嘴头注射效果最佳。

在工艺开发过程中，包括喷嘴长度、孔径和类型在内的所有信息都应详细记录，并且在每次后续的生产前加以确认，一旦忽视某一细节，都有可能给生产带来很多麻烦。在注塑成型中应多关注"不起眼的小事"，建立可重复的工艺。

3. 料筒磨损

有时貌似止逆阀存在缺陷，但实际却是料筒出现磨损。要确定是止逆阀还是料筒有问题，可以尝试将注射量和切换位置增加 1 in（25.4 mm）后继续进行注射。如果此时料垫仍然保持稳定（与更改注射量和切换位置前比较），说明料筒中有些部位出现了磨损。

成型玻璃纤维填充的材料会增加料筒磨损。很多案例中，用低硬度料筒生产玻璃纤维填充的材料不到 6 个月就会出现磨损。加工玻璃纤维填充的材料应选用双合金型耐磨材料制成的料筒，甚至选用双合金型硬质合金料筒和 CPM-10V 高耐磨性料筒。选用料筒时，应先确定塑料型号，随后选用硬度匹配的料筒。

料筒直径可用内径规进行测量,而螺杆直径可用外径千分尺和架在两条螺棱上的量块进行测量。

4. 喷嘴漏料

如果注塑机喷嘴出现漏料,那么其保持稳定型腔压力的能力就会大打折扣。可以检查以下位置是否存在泄漏。

(1)喷嘴头和浇口套接触的区域。无论是喷嘴头或是浇口套的球径受损,塑料都会从两者的缝隙中泄漏。另一个隐患是喷嘴的球径不符,这也会在喷嘴与浇口套的接触处产生间隙。

(2)在注射单元向前移动之前,要确保喷嘴头和浇口套上泄漏的塑料已清除干净。如果采用的是热流道,则应确保浇口套座清洁。该界面如长时间受塑料反复挤压会造成损坏,从而导致泄漏。

(3)如注塑机料筒末端任何组件未拧紧,都有可能产生原料泄漏。容易泄漏区域可能在喷嘴头与喷嘴之间、喷嘴与接头之间、接头与端盖之间及端盖与料筒之间。安装其中任何一个组件时,都应确保安装表面清洁干净(没有熔化的塑料),并确保所有组件的拧紧力矩符合标准。

(四)材料

由材料问题引起短射缺陷的原因有黏度变化、含水率不达标、塑化不彻底、材料污染。

1. 黏度变化

黏度是原材料流动阻力的一个度量。当黏度增加时,材料流动就变得困难。材料黏度增大会带来以下两个主要问题。

(1)高黏度材料无法流入模具中难填充的区域。

(2)高黏度会使整个型腔的压力降增加,从而降低填充末端的型腔压力。所有材料的黏度都会随时间变化。如果使用规格宽泛的材料,变化幅度更大。实现注射时间的可重复性需要充足的注射压力,黏度变化是关键原因之一。如果实际压力接近压力限制,那么随着黏度增加,会出现压力受限和短射。

如果更换另一批材料后立即出现短射,则很可能是黏度变化造成的。一个稳健的工艺应该能够吸收外界扰动引起的黏度波动。验证黏度对工艺影响的方法是在工艺开发过程中使用多批次材料进行验证。

2. 含水率不达标

水分会降低尼龙材料的黏度,含水量高的尼龙比干燥的尼龙更容易填充型腔。干燥尼龙对黏度的不利影响足以导致短射,甚至压力受限。因此加工尼龙时应确保含水率合理并保持一致。

3. 塑化不彻底

塑化不彻底的塑料会堵塞浇口,导致短射。塑化不彻底是指未塑化的颗粒通过螺杆后到达料筒计量区。塑化不彻底的问题在注塑聚甲醛时最常见,但在其他半结晶材料中也会发生。对于多型腔模具,未熔化的塑料影响更大,因为它会影响型腔间的填充平衡。未熔化物通常会卡在浇口处,直至注塑压力升高,把它们挤过浇口为止,产生短射。不均匀的熔体也会影响止逆阀阀座,导致填充重量不一致。

4. 材料污染

材料被异物污染也会产生短射，即外来杂质以固体形式随熔体流动，卡在浇口中引起短射。应检查材料是否曾暴露于潜在的污染源之中。

任务 2　飞　边

【任务描述】

深入分析飞边缺陷的产生原因，探讨其影响因素，并提出解决方案以消除飞边缺陷。

【知识链接】

一、缺陷描述

飞边主要是指在分型面或者是顶杆部位从模具模腔溢出的一薄层材料。飞边若不及早修理，会使飞边扩大和增加后处理工作，对降低生产成本显然不利。图 5.2 所示为飞边缺陷的案例。

图 5.2　飞边
1—飞边

二、缺陷分析

飞边缺陷分析如表 5.2 所示。

表 5.2　飞边缺陷分析

成型工艺	模具	注塑机	材料
料温过高	分型面闭合性差	注塑速率大	塑料流动性过高

续表

成型工艺	模具	注塑机	材料
模具温度控制不当	排气槽太深	顶针或活动件磨损	塑料结晶速率太慢
型腔压力过高	进料系统设计不当	合模力不足	塑料粒料质量不佳
注射压力太高	冷却系统设计不合理	压力不稳定	
冷却时间不足	型腔投影面过大		
保压时间不足	浇口设计不当		
加料量过大	模具未正确安装		

三、缺陷消除

（一）成型工艺

产品飞边缺陷与成型工艺相关因素包括料温过高、模具温度控制不当、型腔压力过高、注射压力太高、冷却时间不足、保压时间不足、加料量大等。

1. 料温过高

当塑料的温度过高时，其流动性会变得过强，容易在模具腔体之间产生过多的熔融物质，导致飞边的产生。降低料筒温度或控制塑料的熔融温度，可以避免塑料温度过高导致的飞边缺陷。

2. 模具温度控制不当

模具温度不均匀或温度过高，都会产生飞边缺陷。具体包括以下几点原因。

（1）温度不均匀。模具温度不均匀会导致塑料在注塑成型过程中部分区域的冷却速度过快或过慢，从而产生飞边缺陷。

（2）温度过高。模具温度过高会导致塑料在注塑成型过程中冷却不充分，熔融物质过多，容易产生飞边缺陷。

（3）冷却效果差。模具温度控制不当会影响冷却效果，使塑料在成型过程中无法充分冷却，从而产生飞边缺陷。

3. 注射压力太高

过高的注射压力使塑料在模具腔体之间流动过快，导致熔融物质过多而产生飞边。高压注射还会使塑料在模具腔体之间的填充速度过快，冷却不充分，导致熔融物质无法充分凝固，同时，过高的注射压力还可能导致模具的闭合力不足，使模具之间产生间隙，进一步加剧飞边缺陷的产生。

4. 冷却时间不足

塑料在注塑成型后需要一定的时间进行冷却，以确保熔融物质完全凝固，如果冷却时间不足，熔融物质就会在模具腔体之间流动，产生飞边缺陷。另外，冷却时间不足还会导致模具开合时熔融物质未完全固化，容易产生飞边缺陷。

5. 保压时间不足

塑料在注塑成型后需要一定的时间进行保压，以确保熔融物质完全固化，如果保压时间不足，熔融物质就会在模具腔体之间流动，产生飞边缺陷。

6. 加料量过大

当加料量过大时会造成飞边缺陷，可以通过适当减少射胶量和降低熔料温度解决。需要注意的是，为了防止凹陷而注入过多的熔料并不一定能够填平凹陷，反而可能导致飞边缺陷产生。

（二）模具

由于模具问题引起飞边缺陷的因素包括分型面闭合性差、排气槽太深、进料系统设计不当、冷却系统设计不合理、型腔投影面过大、浇口设计不当、模具未正确安装。

1. 分型面闭合性差

分型面的选取不仅关系到塑件的成型和脱模，还涉及模具结构和制造成本，因此，必须重视选择分型面。一般来说，分型面选择的总体原则主要有3个：

（1）保证塑件质量。这是最基本的一条，必须使塑件质量符合预定要求。

（2）便于塑件脱模。易于脱模，可使生产率提高，塑件不易变形，提高正品率。

（3）简化模具结构。同样一个塑件，因为分型面选择的不同，使结构的复杂程度有很大不同，合理地选择即可简化模具结构。

2. 排气槽太深

排气槽太深会导致熔融物质在注塑成型过程中无法充分排气，气体无法顺利排出，从而在塑料内部形成气泡，使熔融物质无法充分填充模具腔体。除此之外，排气槽太深会增加熔融物质在注塑成型过程中的流动阻力，使熔融物质在填充模具腔体时流动速度不均匀，容易产生飞边缺陷。

3. 进料系统设计不当

进料系统设计不当会导致塑料在注塑成型过程中填充不均匀，部分区域填充过多，部分区域填充不足，使熔融物质无法充分填充模具腔体，产生飞边缺陷。

设计合适的进料系统是避免飞边缺陷的关键措施之一。

4. 冷却系统设计不合理

冷却系统设计不合理会导致模具内部冷却不均匀，部分区域冷却速度过快，部分区域冷却速度过慢，使熔融物质在填充模具腔体后无法均匀凝固，产生飞边缺陷。

5. 型腔投影面过大

型腔投影面过大会导致熔融塑料在填充模具腔体时无法充分填充，造成熔融物质流动受阻，难以形成完整的产品形状，从而产生飞边缺陷。此外，过大的型腔投影面会增加熔融物质的冷却时间，使部分区域过早凝固，而其他区域仍在填充，导致产品表面出现飞边缺陷。因此，合理设计型腔投影面大小对于避免飞边缺陷至关重要。

6. 浇口设计不当

如果浇口位置选择不当，可能导致熔融塑料填充模具时流动不均匀，造成产品表面出现飞边缺陷。浇口尺寸过大或过小也会影响熔融塑料的填充和流动，进而导致飞边缺陷的产生。

7. 模具未正确安装

如果模具未正确安装，可能会导致模具间隙不均匀或不合适、对中不准确和温度控制系统失效或不稳定等情况的出现，使熔融塑料填充不均匀或在填充模具时无法充分填充，造成产品表面出现飞边缺陷。因此，正确安装模具对于避免飞边缺陷在注塑成型过程中至关重要。

（三）注塑机

产品飞边缺陷与注塑机相关的因素包括注塑速率大、顶针或活动件磨损、合模力不足、压力不稳定。

1. 注塑速率大

注塑速率大会导致以下情况。

（1）塑料流动不稳定。当注塑速率过大时，塑料熔融物质在模具腔内的流动变得剧烈而不稳定，导致塑料在填充模具腔过程中出现过大的剪切应力，使塑料融化状态下的临界流动条件被破坏，从而产生飞边缺陷。

（2）塑料填充不完全。注塑速率过大会导致塑料熔融物质以高速进入模具腔内，当注塑速率超过一定限度时，模具腔内的空气无法充分排出，会在注塑过程中产生空气带或气泡，也会导致飞边缺陷的产生。

（3）冷却不均匀。注塑速率过大会使塑料熔融物质在模具腔内的停留时间变短，使塑料的冷却时间不足，冷却不均匀，导致注塑成型过程中的高温塑料难以完全冷却，从而在注射过程结束时留下一部分未完全固化的塑料，从而产生飞边缺陷。

2. 顶针或活动件磨损

如果顶针或活动件磨损将导致与模具间隙增大或不均匀，导致塑料在充模过程中容易从顶针或活动件与模具的缝隙中溢出，形成飞边。另外，顶针或活动件在模具中的位置决定了飞边的产生位置。如果顶针或活动件磨损导致位置偏移或变形，可能会使飞边的位置发生变化，从而影响产品的质量。顶针或活动件磨损还会使塑料在出模时可能无法完全顶出，导致产品边缘形成不规则的飞边，并且磨损程度越大，飞边的尺寸和形状不均匀性越严重。

3. 合模力不足

当注射压力大于合模力使模具分型面密合不良时，塑件容易产生溢料飞边。对此，应检查塑件投影面积与所需成型压力的乘积是否超出了注塑机的最大合模力，如果是则应考虑改用合模吨位更大的注塑机。

4. 压力不稳定

注塑机压力不稳定可能导致熔融塑料填充模具时压力过大或过小，使熔融塑料在填充过程中流动不均匀。此外，压力波动和压力传递不均匀也会导致熔融塑料填充模具时出现流动不稳定的情况，进而导致产品表面出现飞边缺陷。

（四）材料

由材料问题引起飞边缺陷的原因包括塑料流动性过高、塑料结晶速率太慢、塑料粒料质量不佳。

1. 塑料流动性过高

实践证明：相同的模具生产不同的塑胶材料，会产生不同的飞边缺陷。低黏度的塑料由于流动性过高易产生飞边，如PE、PP、尼龙。这是因为熔融的塑料具有较好的流动性及穿透能力，容易进入微小的缝隙而出现飞边。所以越是生产低黏度塑料，越是要求模具的配合精度高，适当降低料温和模温可减轻飞边的产生。

2. 塑料结晶速率太慢

当塑料结晶速率过慢时，熔融塑料在填充模具后冷却的过程中，无法迅速形成均匀的结晶结构，导致塑料在模具表面区域形成较厚的熔融层，而内部结晶不完全，从而使产品表面出现飞边缺陷。因此，需要控制塑料的结晶速率，使其能够在注塑成型过程中迅速形成均匀的结晶结构，避免飞边缺陷的产生。

3. 塑料粒料质量不佳

质量不佳的塑料粒料可能含有杂质或未经充分混合，导致熔融塑料的流动性和稳定性下降，导致填充模具时塑料流动不均匀，无法完全填充模具，从而在产品表面形成飞边缺陷。因此，选择高质量的塑料粒料，并确保充分混合和去除杂质是避免飞边缺陷的重要步骤。

任务3　缩　　水

【任务描述】

深入了解缩水缺陷的形成原因，并掌握分析和解决缩水缺陷的基本方法。

【知识链接】

一、缺陷描述

缩水常发生于成型品壁厚或料厚不均处，因热熔塑胶冷却或固化收缩不同而致，如肋的背面、有侧壁的边缘、BOSS 柱的背面。图 5.3 所示为缩水缺陷案例。

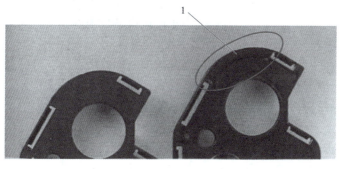

图 5.3　缩水
1—缩水

二、缺陷分析

缩水缺陷分析如表 5.3 所示。

表 5.3 缩水缺陷分析

成型工艺	模具	注塑机	材料
注射压力不足	模具冷却系统设计不合理	喷嘴孔太大或太小	材料成分不均匀
塑件冷却不充分	塑件形体结构设计不合理	喷嘴处局部阻塞	熔体流动性差
注射速度过低	浇口设计不合理	缓冲垫料量不足	材料含水量过高
注射量不足	模具排气不畅	过胶圈、熔胶螺杆磨损	
模温过高	模具结构变形或磨损		
料温过高	模具开关合模不精准		
保压不充分			

三、缺陷消除

（一）成型工艺

产品缩水缺陷与成型工艺相关因素包括注射压力不足、塑件冷却不充分、注射速度过低、注射量不足、保压不充分、模温过高和料温过高。

1. 注射压力不足

注射压力决定塑件的成型密度。注射压力越高，注件的成型密度越高，收缩率越小；反之则大。从塑件的质量可反映密度的大小。提高注射压力可使型腔内的熔料在冷凝硬化之前得到压力和料量的补充增加成型件的密度，但注意飞边的产生。

2. 塑件冷却不充分

塑件在模内的冷却必须充分。一方面可通过调节料筒温度，适当降低熔料温度；另一方面，可采取改变模具冷却系统的设置，降低冷却水温度，或在尽量保持模具表面及各部位均匀冷却的前提下，对产生凹陷的部位适当强化冷却。否则，塑件在冷却不足的条件下脱模，不但容易产生收缩凹陷，而且还会由于硬脱模导致塑件在顶杆局部凹陷。

3. 注射速度过低

当注射速度过低时，熔融塑料在填充模具时的流动速度不足，导致塑料无法充分填充模具的细小部位，或者在模具中形成气泡，导致产品在冷却后出现缩水缺陷，因为未能完全填充的部位在冷却后会产生收缩。提高注射速度可以较方便地使制件充满并消除大部分的收缩。

4. 注射量不足

充模熔体的内层在未完全硬化还有流动能力之前不能停止注射，保持有料不断补充是制件成型饱满的保证，所以适当增加注射时间，收效是非常显著的。

5. 模温过高

高温模具会加快塑料的冷却速度，使其在凝固过程中产生收缩，导致成型件的尺寸缩小超过预期，出现缩水缺陷。可以利用模温高易收缩、模温低不易收缩的特点，充分降低模温的成型下限，或调整冷却水的流速使模温降低。

6. 料温过高

当料温过高时，塑料可能在注射过程中过早熔融，导致塑料过度流动，填充模具腔体不完整，从而在冷却固化过程中产生缩水缺陷。适当降低料温与降低模温的作用相同。

7. 保压不充分

当保压不充分时，熔融塑料在模具中冷却过程中无法得到足够的支撑和压实，导致产品在冷却后出现收缩。另外，当收缩区域是在浇口附近时，要适当增加保压时间。

（二）模具

由于模具问题引起缩水缺陷的因素包括模具冷却系统设计不合理、塑件形体结构设计不合理、浇口设计不合理、模具排气不畅、模具结构变形或磨损、模具开关合模不精准。

1. 模具冷却系统设计不合理

当模具冷却系统设计不合理时，可能导致模具中部分区域的冷却效果不均匀，从而使塑料在冷却过程中产生不均匀的收缩，导致产品出现缩水缺陷。同时，不同部位的收缩速度不同，可能导致产品形状和尺寸的变化。

2. 塑件形体结构设计不合理

如果塑件各处的壁厚相差很大时，厚壁部位由于压力不足，成型时很容易产生缩水。因此，设计塑件形体结构时，壁厚应尽量一致。对于特殊情况，若塑件的壁厚差异较大，可通过调整浇注系统的结构参数解决。

3. 浇口设计不合理

浇口太小时，流道效率低、阻力大、熔料会过早冷却，适当加大浇口可以增加进胶量；增多注口或缩短流道，减少压力损失，从而提高注塑效率。浇口也不能过大，否则会降低剪切速率。胶料的黏度高，同样不能使制品饱满。浇口应开设在制品的厚壁部位，以利补缩。点浇口、针状浇口的浇口长度一定要控制在 1 mm 以下，否则塑料在浇口处凝固快，影响压力传递；必要时可增加点浇口数目或浇口位置以满足实际需要。

4. 模具排气不畅

当模具排气不畅时，熔融塑料在填充模具时会产生气泡，这些气泡会在产品冷却后留下空洞或气泡痕迹，导致产品出现缩水缺陷。因为气泡会影响产品内部的结构完整性，使产品在冷却后出现不均匀的收缩。因此，应确保模具排气畅通，避免气泡的产生。

5. 模具结构变形或磨损

当模具结构发生变形或磨损时，可能导致模具在注塑成型过程中无法保持原有的形状和尺寸，使产品在冷却后出现不均匀的收缩。模具结构的变形或磨损会影响产品的成型质量，使产品表面或内部出现缩水缺陷。因此，应确保模具结构的稳定性和耐磨性，及时修复或更换磨损严重的模具部件。

6. 模具开关合模不精准

模具在开关合模过程中不精准可能导致产品在成型过程中受到不均匀的应力分布，使产品在冷却后出现不均匀的收缩。另外，开关合模不精准可能导致产品的形状和尺寸不一致，从而产生缩水缺陷。因此需确保模具开关合模动作精准、稳定，避免产品受到不必要的变形和应力。

（三）注塑机

产品缩水缺陷与注塑机相关的因素包括喷嘴孔太大或太小；喷嘴处局部阻塞；缓冲垫料量不足；过胶圈、熔胶螺杆磨损。

1. 喷嘴孔太大或太小

喷嘴孔太大将导致注射力小，充模发生困难；喷嘴孔太小会容易堵塞进料通道。

2. 喷嘴处局部阻塞

当喷嘴处发生局部阻塞时，熔融塑料在填充模具时无法均匀地流动，导致产品在成型过程中部分区域的塑料充填不足，进而影响产品的整体结构和收缩性能。因此，需确保喷嘴通畅，避免喷嘴处局部阻塞。

3. 缓冲垫料量不足

缓冲垫料在注塑成型中起到支撑和填充模具空腔的作用。如果缓冲垫料的量不足，可能导致模具空腔填充不完全或填充不均匀，使产品在成型过程中出现局部厚度不足的情况，导致产品在冷却后出现不均匀的收缩，形成缩水缺陷。

4. 过胶圈、熔胶螺杆磨损

过胶圈、熔胶螺杆磨损时，注射及保压时熔料容易发生漏流，降低了充模压力和料量，造成熔料不足。

验证过胶圈磨损方法：待上一循环注射完成后即转换为手动操作模式，并将注射压力和速度调节在较低值，再完成储料。此时观察手动执行射胶时，螺杆位置指示尺的前进受阻程度，即检查过胶圈的漏流程度。受阻越少，漏流程度越大。对磨损程度大的过胶圈，应尽快更换处理，否则勉强进行生产，产品质量不能保证。

（四）材料

由材料问题引起缩水缺陷的原因有材料成分不均匀、熔体流动性差、材料含水量过高。

1. 材料成分不均匀

当塑料材料的成分不均匀时，不同部分的材料性能可能存在差异，包括熔体流动性、热传导性等。在注塑成型过程中，成分不均匀的塑料材料可能导致产品在冷却后出现不均匀的收缩，形成缩水缺陷。

2. 熔体流动性差

当塑料材料的熔体流动性差时，塑料在模具中的填充过程可能不完全或不均匀，导致产品在成型过程中出现局部厚度不足的情况，使产品在冷却后出现不均匀的收缩，形成缩水缺陷。由于熔料流动不畅引起缩水缺陷时，可在原料中增加适量润滑剂，改善熔料的流动性，或加大浇注系统结构尺寸。

3. 材料含水量过高

当塑料材料的含水量过高时，水分在注塑成型过程中会受热蒸发，会影响塑料材料的流动性和熔体黏度，导致产品在成型过程中出现充填不足或充填不均匀的情况。如果由于原料潮湿引起塑件表面产生缩水缺陷，应对原料进行预干处理。

任务4　熔接线

【任务描述】

深入分析熔接线缺陷产生的原因，探讨相关影响因素，并提出解决方案。

【知识链接】

一、缺陷描述

熔接线是由注塑机在注射过程中两个或多个熔融塑料流相交接形成的，通常出现在塑料制品的接合处，看起来像是一条附加在产品上的线状缺陷。熔接线缺陷通常是由于熔融塑料的温度、压力或流动性不均匀造成的。熔接线位置上的分子趋向变化强烈，因此，该位置的机械强度明显减弱。熔接线出现的部位还有可能出现凹陷、色差等质量缺陷。图 5.4 所示为熔接线缺陷案例。

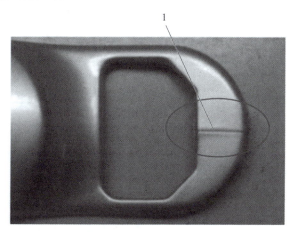

图 5.4　熔接线缺陷案例

1—熔接线

二、缺陷分析

熔接线缺陷分析如表 5.4 所示。

表 5.4　熔接线缺陷分析

成型工艺	模具	注塑机	材料
料温太低	浇注系统设计不合理	注塑速率低	材料熔融不佳
模温太低	塑件结构设计不合理	容量小	塑料流动性差
脱模剂使用不当	冷却系统设计不合理	螺杆回转速度不匹配	塑料不洁
注射时间控制不当	模具表面磨损严重	螺杆磨损严重	材料含水量过高
注射压力太小	排气不良		
注射速度太慢			

三、缺陷消除

(一) 成型工艺

产生熔接线缺陷与成型工艺相关的因素包括料温太低、模温太低、脱模剂使用不当、注射时间控制不当、注射压力太小、注射速度太慢。

1. 料温太低

低温熔料的分流汇合性能较差，容易形成熔接线。塑件的内外表面在同一部位产生熔接细纹，往往是由于料温太低引起的熔接不良。对此，可适当提高料筒及喷嘴温度或者延长注射周期，促使料温上升。一般情况下，塑件熔接线处的强度较差，对模具中产生熔接线的相应部位进行局部加热，提高成型件熔接部位的局部温度，往往可以提高塑件熔接处的强度。

2. 模温太低

提高模温有利于保持充模过程熔融塑料流态黏度，不至于下降过快，可使熔接线变小变短。为了消除熔接线缺陷，可控制模具内冷却水的通过量，适当提高模具温度。

3. 脱模剂使用不当

脱模剂用量太大会引起塑件表面产生熔接线。在注塑成型中，一般只在螺纹等不易脱模的部位才均匀地涂用少量脱模剂，原则上应尽量减少脱模剂的用量。对于各种脱模剂的选用，必须根据成型条件、塑件外形及原料品种等条件确定。例如，纯硬脂酸锌可用于除聚酰胺及透明塑料外的各种塑料，但与油混合后即可用于聚酰胺和透明塑料。又如硅油甲苯溶液可用于各种塑料，而且涂刷一次可使用很久，但其涂刷后需加热烘干，用法比较复杂。

4. 注射时间控制不当

注射时间控制不当会导致塑料材料在模具中的填充过程不均匀或断续，使不同部分的塑料熔体在接触处无法完全融合。

5. 注射压力太小

当注射压力不足时，塑料熔体在模具中的填充过程可能不完全或不均匀，会导致产品在不同部分的塑料熔体无法完全熔接，从而在接触处形成熔接线缺陷。

6. 注射速度太慢

当注射速度过慢时，塑料熔融物质在填充模具腔的过程中未能充分融合和混合，会导致不同注塑点的熔融物质在相遇处形成一条明显的熔接线，使产品出现熔接线缺陷。提高注射速度可以使注射开始阶段的熔料来不及降温而迅速到达料流的汇合处，随即切换较慢的速度让型腔内的空气有时间排出，可使料流的末端得到较好的融合。

(二) 模具

由于模具问题引起熔接线缺陷的因素包括浇注系统设计不合理、塑件结构设计不合理、冷却系统设计不合理、模具表面磨损严重、排气不良。

1. 浇注系统设计不合理

改进浇注系统的设计，在保持熔体流动速率前提下减小流道尺寸，以产生摩擦热，如果不能消除熔接线，应使其位于制件上较不敏感的区域，以防止影响制件的力学性能和表观质量。改变浇口位置和制件壁厚都可改变浇口位置。

2. 塑件结构设计不合理

如果塑件壁厚设计得太薄或厚薄悬殊及嵌件太多，都会引起熔接不良。薄壁件成型时，由于熔料固化太快，容易产生缺陷，而且熔料在充模过程中总是在薄壁处汇合形成熔接线，一旦薄壁处产生熔接线，就会导致塑件的强度降低，影响使用性能。因此，在设计塑件形体结构时，应确保塑件的最薄部位大于成型时允许的最小壁厚。此外，应尽量减少嵌件的使用且壁厚尽可能趋于一致。

3. 冷却系统设计不合理

当冷却系统设计不合理时，可能导致模具中不同部位的冷却效果不均匀，这会导致产品在成型过程中的冷却速度不一致，使不同部分的塑料熔体在接触处无法完全熔接。因此，需合理设计冷却系统，确保模具中的冷却效果均匀。

4. 模具表面磨损严重

当模具表面磨损严重时，可能导致模具的表面粗糙度增加，或者出现凹凸不平的情况，导致塑料熔体在填充模具空腔时无法完全贴合模具表面，从而在接触处形成熔接线缺陷，影响产品的外观和强度。因此，需保持模具表面的光洁度和精度，及时修复和更换磨损严重的模具。

5. 排气不良

熔料的熔接线与模具的合模线或嵌缝重合时，模腔内多股流料赶压的空气能从合模缝隙或嵌缝处排出；但当熔接线与合模线或嵌缝不重合，且排气孔设置不当时，模腔内被流料赶压的残留空气便无法排出，气泡在高压下被强力挤压，体积渐渐变小，最终被压缩成一点。由于被压缩的空气的分子动能在高压下转变为热能，导致熔料汇料点处的温度升高。当其温度等于或略高于原料的分解温度时，熔接点处便出现黄点；若其温度远高于原料的分解温度时，熔接点处便出现黑点。一般情况下，塑件表面熔接线附近出现的这类斑点总是在同一位置反复出现，而且出现的部位总是规律性地出现在汇料点处，在操作过程中，应不要将这类斑点误认为是杂质斑点。产生这类斑点的主要原因是模具排气不良，它是熔料高温分解后形成的碳化点。出现这类故障后，首先应检查模具排气孔是否被熔料的固化物或其他物体阻塞，浇口处有无异物。如果阻塞物清除后仍出现碳化点，应在模具汇料点处增加排气孔。也可通过重新定位浇口或适当降低合模力，增大排气间隙来加速汇料合流。在工艺操作方面，也可采取降低料温及模具温度、缩短高压注射时间、降低注射压力等辅助措施。

（三）注塑机

产品熔接线缺陷与注塑机相关的因素包括注塑速率低、容量小、螺杆回转速度不匹配、螺杆磨损严重。

1. 注塑速率低

当注塑速率低时，塑料熔体在填充模具空腔的过程中可能会变得缓慢或不均匀，导致产品在不同部分的塑料熔体无法完全熔接，从而在接触处形成熔接线缺陷。

2. 容量小

当注塑机容量小于产品设计要求时，可能导致塑料熔体在填充模具空腔的过程中无法完全填充或填充不均匀，导致产品在不同部分的塑料熔体无法完全熔接，从而在接触处产生熔接线缺陷。

3. 螺杆回转速度不匹配

当螺杆回转速度不匹配时，塑料熔体在注塑机中的混合和加热过程可能会出现问题，导致塑料熔体的温度和均匀性不稳定，从而在填充模具空腔时无法完全贴合模具表面，或者在不同部分的塑料熔体温度不一致。这种情况下，熔接线缺陷可能会在接触处形成。适当调整螺杆转速可以获得更高且均匀的熔胶温度，使塑料熔体能够充分、均匀地填充模具空腔，避免熔接线缺陷的产生。

4. 螺杆磨损严重

由于螺杆磨损严重，塑料熔体在填充模具空腔时无法完全填充，导致产生熔接线缺陷。因此，需定期检查和更换磨损严重的螺杆。

（四）材料

由材料问题引起熔接线缺陷的原因有材料熔融不佳、塑料流动性差、塑料不洁、材料含水量过高。

1. 材料熔融不佳

当材料熔融不佳时，塑料熔体在注塑机中的加热和混合过程可能会受到影响，导致塑料熔体的温度不足以达到完全熔融的状态，或者塑料原料的混合不均匀，从而在填充模具空腔时无法完全贴合模具表面，最终产生熔接线缺陷。

2. 塑料流动性差

当塑料的流动性差时，塑料熔体在填充模具空腔时无法充分流动和填充，导致熔接线缺陷的形成。塑料流动性差可能由多种因素引起，包括塑料原料的选择、加工温度、注射速度等。因此，选择适合的塑料原料、控制加工温度和注射速度及确保塑料熔体能够充分、均匀地填充模具空腔是避免产生熔接线缺陷的重要措施。

3. 塑料不洁

当塑料不洁时，其中可能含有杂质、灰尘或其他异物，这些不洁物质可能会影响塑料熔体的流动性和熔融性能，导致塑料熔体在填充模具空腔时无法充分贴合模具表面，或者在不同部分的塑料熔体质量不一致，从而导致熔接线缺陷的形成。此外，不洁的塑料还可能在成型过程中产生气泡或其他缺陷，进一步影响产品质量。

4. 材料含水量过高

吸水性强的塑料或对水敏感的塑料，由于其材料含水量过高，在高温下会大幅降低流动黏度，增加熔接线缺陷的可能性，对这些塑料必须彻底干燥。

任务5　气　穴

【任务描述】

分析气穴缺陷的形成原因，并提供相应的消除方法。

【知识链接】

一、缺陷描述

气穴是指由于熔体前沿汇聚而在塑料内部或者模腔表层形成气泡。气穴的出现有可能导致短射的发生，造成填充不完全和保压不充分，形成最终制件的表面瑕疵，甚至可能由于气体压缩产生热量从而出现焦痕。图5.5所示为气穴缺陷案例。

图 5.5　气穴缺陷案例

二、缺陷分析

气穴缺陷分析如表5.5所示。

表 5.5　气穴缺陷分析

成型工艺	模具	注塑机	材料
料温局部过高	浇口及流道堵塞	螺杆转速太快	原料不符合使用要求
注射速度过快	模腔设计不合理	螺杆形状不合理	粒料干燥不足
多段注射调整不良	浇注系统设计不合理	喷嘴堵塞	塑料添加剂过量
冷却时间不足	排气不良	温度控制器不准确	着色剂选配不良
注射压力太低	表面过多脱模剂		再生料粒料结构疏松
胶料滞留时间过长			混入异种塑料
保压时间过短			

三、缺陷消除

（一）成型工艺

产品气穴缺陷与成型工艺相关的因素包括料温局部过高、注射速度过快、多段注射调整不良、冷却时间不足、注射压力太低、胶料滞留时间过长和保压时间过短。

1. 料温局部过高

料温局部过高会使料筒内局部过热，从而导致塑料熔体的热稳定性降低，塑料或添加剂可能发生分解，产生气体。这些气体会在塑料熔体中形成气泡，导致成型制品产生气穴缺陷。

2. 注射速度过快

高速的注射会导致料流紊乱，形成湍流或涡流等与空气混合的条件，使制件发胀起泡，或令空气来不及排出而形成受困气泡。因此，应降低注射速度或调整多段注射。

3. 多段注射调整不良

合理的多段注射速度可使充模熔体随流程位置变化而切换速度。例如，四段速度的设置作用：最初一段以中速填满流道部分，减少熔料在流道内的温降；第二段使用慢速穿越狭小的浇口，减少摩擦热和自由喷射状时混合空气（大浇口此段不用）；第三段使用高速注射到制件完成到85%左右，可减少熔体温降及保证表面明亮光洁；最后一段使用慢速成型至98%，使模内空气有时间排出和减少烧焦，最后进入保压和冷却定型。

4. 冷却时间不足

当塑料熔体在注塑成型后，如果冷却时间不足，塑料制品表面和内部的温度差异过大，会导致熔体内部的气体无法充分排出，从而在成型制品内部产生气穴缺陷。这些气穴缺陷会在制品表面或内部形成明显的孔洞或气泡，影响产品的外观和质量。

5. 注射压力太低

注射压力过低对气穴缺陷的影响主要是导致塑料充填不充分、塑料流动阻力增加、射出速度减慢及气体收缩不充分。为避免气穴缺陷的产生，需要合理调节注射压力，确保塑料充填完全、流动顺畅，并及时排除累积的气体。

6. 胶料滞留时间过长

当胶料在注塑机中停留时间过长时，由于塑料在高温下易氧化，从而产生气体。这些气体在注塑成型过程中无法完全排出，导致在成型制品内部形成气穴缺陷。

7. 保压时间过短

在注塑成型过程中，保压阶段是为了确保塑料充分填充模具腔体并保持压力，以防止制品出现缩水或气孔。如果保压时间过短，塑料在模具中未能充分冷却和固化，就会在成型制品内部产生气穴缺陷。

（二）模具

由于模具问题引起气穴缺陷的因素包括浇口及流道堵塞、模腔设计不合理、浇注系统设计不合理、排气不良和表面过多脱模剂。

1. 浇口及流道堵塞

浇口和流道在注塑成型中起着输送熔融塑料的作用。如果浇口或流道堵塞，会导致熔融塑料无法顺利进入模具腔体，造成充填不足或充填不均匀的情况，因为塑料无法充分填充模具腔体，导致气体无法完全排出，从而在成型制品内部产生气穴缺陷。

2. 模腔设计不合理

如果模具内部设计的形状有凸出物或角度急剧变化等缺陷，容易引起塑料流动不畅，造成气体聚集和气穴产生。同时，过多肋位、井位等都会造成熔料在型腔内流动不顺畅。

若遇上有吸附空气的死角，充填熔料会强迫空气混合在成型制件上。因此，设计模具时，应尽量避免塑件形体上有特厚部分或厚薄悬殊太大的部分。

3. 浇注系统设计不合理

由于直接浇口产生真空孔的现象比较突出，应尽量避免选用，这是由于保压结束后，型腔中的压力比浇口前方的压力高，若此时直接浇口处的熔料尚未冻结，就会发生熔料倒流现象，使塑件内部形成孔洞。在浇口形式无法改变的情况下，可通过延长保压时间，加大供料量，减小浇口锥度等方法进行调节。浇口截面不能太小，尤其是同时成型几个形状不同的塑件时，必须注意各浇口的大小要与塑件重量成比例，否则，较大的塑件容易产生气泡。

4. 排气不良

排气情况要保持良好，必要时加深或增加排气。模具分型面缺少必要的排气孔道或排气孔道不足、堵塞、位置不佳，又没有嵌件、顶针之类的加工缝隙排气，造成型腔中的空气不能在塑料进入时同时离去。

5. 表面过多脱模剂

模具表面不能使用过多脱模剂，应限制脱模剂的使用或换用无硅脱模剂。

（三）注塑机

产品气穴缺陷与注塑机相关的因素包括螺杆转速太快、螺杆形状不合理、喷嘴堵塞和温度控制器不准确。

1. 螺杆转速太快

适当降低螺杆转速和料筒尾段温度，使料筒内空气有时间从进料口排出，可减少熔融塑料与空气混合的机会，必要时调整储料时间略短于冷却时间。

2. 螺杆形状不合理

如果螺杆的形状设计不合理，如螺距、螺槽深度、螺槽宽度等参数不当，会导致塑料在熔化和压缩过程中无法得到充分的均匀加热和挤压，从而在熔融状态下夹带空气。这些空气会随着熔融塑料一起进入模具腔体，从而产生气穴缺陷。因此，应合理设计和选择适合的螺杆形状，以确保塑料在熔化和压缩过程中能够充分均匀地加热和挤压。

3. 喷嘴堵塞

注塑机喷嘴孔太小、物料在喷嘴处流延或拉丝、机筒或喷嘴有障碍物或毛刺，高速料流经过时产生摩擦热使料分解。

4. 温度控制器不准确

在注塑成型过程中，塑料需要在一定的温度范围内进行加热、熔化和保持熔融状态，以确保充分填充模具腔体并排除气体。如果温度控制器不准确，可能导致熔融塑料的温度过高或过低，从而影响塑料的流动性和熔融状态。当温度过高时，塑料可能过度熔化，产生气泡或气穴；当温度过低时，塑料可能无法充分熔化，也会导致气穴缺陷的产生。

（四）材料

由材料问题引起气穴缺陷的原因有原料不符合使用要求、料粒干燥不足、塑料添加剂过量、着色剂选配不良、再生料粒料结构疏松、混入异种塑料。

1. 原料不符合使用要求

成型原料中水分或易挥发物含量超标、粒料太细小或大小不均匀，原料的收缩率太大、熔料的熔体指数太大或太小、再生料含量太多，都会使塑件产生气泡及真空泡。对此，应分别采用预干燥原料，筛除细料，更换树脂，减少再生料用量等方法予以解决。

2. 粒料干燥不足

要保证原料充分干燥并已清除水分。没有进行干燥处理或从大气中吸潮的原料，应充分干燥并使用干燥料斗。有些牌号的塑料，本身不能承受较高的温度或较长的受热时间。特别是含有微量水分时，可能发生催化裂化反应。对这一类塑料要考虑加入外润滑剂，如硬脂酸及其盐类（每 10 kg 料可增加 50 g），以尽量降低其加工温度。

3. 塑料添加剂过量

塑料添加剂通常包括增塑剂、稳定剂、填充剂等，它们在一定程度上可以改善塑料的性能和加工工艺。然而，当这些添加剂使用过量时，会对塑料的熔融性能产生负面影响，从而导致气穴缺陷的产生。具体来说，添加剂过量会改变塑料的熔点、流动性和黏度等物理性质，使塑料在注塑成型过程中难以充分熔化和排气。过量的增塑剂可能导致塑料变得过于柔软，流动性增加，容易在成型过程中夹带空气产生气穴缺陷；过量的填充剂可能增加塑料的黏度，使熔融塑料在充填模具时难以排气，也会导致气穴缺陷的产生。

4. 着色剂选配不良

着色剂在塑料制品生产中用于赋予塑料颜色和外观效果。然而，当着色剂的选配不良时，会对塑料的熔融性能和流动性产生负面影响，从而导致气穴缺陷的产生。

5. 再生料粒料结构疏松

再生料粒料结构疏松，微孔中滞留的空气量大；再生料的再生次数过多或与新料的比例太高（一般应小于 20%）。

6. 混入异种塑料

原料中混入异种塑料或粒料中掺入大量粉料，熔融时容易夹带空气，会导致注塑成型中气穴缺陷的产生。因此，需严格控制原料的质量，避免异种塑料和大量粉料的混入。

任务 6 翘 曲

【任务描述】

分析翘曲缺陷出现的原因，并提供相应的消除方法。

【知识链接】

一、缺陷描述

注塑制品变形、弯曲、扭曲现象的发生主要是由于塑料成型时流动方向的收缩率比垂直方向的大，使制件各向收缩率不同而翘曲，又由于注射充模时不可避免地在制件内部残留有较大的内应力而引起翘曲，这些都是高应力取向造成的变形的表现。图 5.6 所示为翘曲缺陷案例。

图 5.6 翘曲缺陷案例
1—翘曲

二、缺陷分析

翘曲缺陷分析如表 5.6 所示。

表 5.6 翘曲缺陷分析

成型工艺	模具	注塑机	材料
冷却不当	浇注系统不合理	螺杆转速太快	分子取向不均衡
料温不当	排气系统设计不合理	型号不同	材料含水量过高
注射压力太低	顶出机构设计不合理	温度控制器不准确	塑料黏度太低
充模流程不均	型芯和型腔偏移		收缩率不均匀
注射速度太慢	脱模不良		
模温不均			
保压时间不足			
填料过多			

三、缺陷消除

（一）成型工艺

产品翘曲缺陷与成型工艺相关的因素包括冷却不当、料温不当、注射压力太低、注射速度太慢、充模流程不均、模温不均、保压时间不足、填料过多。

1. 冷却不当

如果模具的冷却系统设计不合理或模具温度控制不当，使塑件冷却不足，都会引起塑件翘曲变形。特别是当塑件壁厚的厚薄差异较大时，由于塑件各部分的冷却收缩不一致，塑件特别容易翘曲。因此，在设计塑件的形体结构时，各部位的断面厚度应尽量一致。此外，塑料件在模具内必须保持足够的冷却定型时间。例如，硬质聚氯乙烯的导热系数较小，若其塑件的中心部位未完全冷却就将其脱模，塑件中心部位的热量传到外部，就会使塑件软化变形。

2. 料温不当

料温可改变制件的变形程度，过低的料温必然要用高一些的压力来配合充模，极易引起塑料分子取向程度增高，出现应力变形；过高的料温又使制件出模后受自然冷却影响收缩变形。在调整料温时，要结合制件出模后受自然冷却到常温，取其变形程度小的值为最佳温度值。用手触摸出模后的制件表面或模腔各处温度，对过热的部位要加强冷却，而对较凉的部位要提高温度。重置模具冷却水道，确保模腔各处温度大致相等，使制件冷却速率一致，可减小变形程度。

3. 注射压力太低

在工艺操作过程中，如果注射压力太低，注射速度太慢，不过量充模条件下保压时间及注射、周期太短，熔料塑化不均匀，原料干燥处理时烘料温度过高及塑件退火处理工艺控制不当，都会导致塑件翘曲变形。对此，应针对具体情况，分别调整对应的工艺参数。

4. 注射速度太慢

注射速度太慢会导致熔融塑料在填充模具腔体的过程中受到冷却的影响，部分塑料已经开始凝固，而另一部分仍在注入，这种温度和固化状态的不均匀性会导致成型制品出现翘曲。此外，注射速度太慢也会导致塑料在模具中停留时间过长，使塑料受热时间过长，容易产生热应力，也会导致成型制品的翘曲。通过优化注塑工艺参数，调整注射速度和压力，确保塑料在模具中均匀充填并保持一定的冷却时间，可以有效减少翘曲缺陷的产生。

5. 充模流程不均

对注射投影面积较大的制件，浇口附近与四周的熔料密度相差较大产生应力变形，应适当增加流道和浇口使充模流程均匀。

6. 模温不均

对于模具温度的控制，应根据成型件的结构特征来确定阳模与阴模、模芯与模壁、模壁与嵌件间的温差，从而利用控制模具各部位冷却收缩速度的差值来抵消取向收缩差，避免塑件按取向规律翘曲变形。对于形体结构完全对称的塑件，模温应保持一致，使塑件各部位的冷却均衡。值得注意的是，在控制模芯与模壁的温差时，如果模芯处的温度较高，塑件脱模后就向模芯牵引的方向弯曲，例如，生产框形塑件时，若模芯温度高于型腔侧，塑件脱模后框边就向内侧弯曲，特别是料温较低时，由于熔料流动方向的收缩较大，弯曲现象更为严重。还需注意的是，模芯部位很容易过热，必须冷却得当，当模芯处的温度降不下来时，适当提高型腔侧的温度也是一种辅助手段。

7. 保压时间不足

在注塑成型过程中，保压阶段是指在塑料充填模具后，需要施加一定的保压力和保压时间，以确保塑料在模具中充分冷却和固化，从而避免翘曲等缺陷的产生。当保压时间不足时，塑料在模具中的冷却和固化过程不完全，导致成型制品内部应力不均匀，容易产生翘曲缺陷。此外，保压时间不足还会导致塑料在脱模后继续收缩，使成型制品失去原本的形状和尺寸稳定性，也会产生翘曲缺陷。

8. 填料过多

当填料过多时，塑料在注塑成型过程中充填模具时会受到更大的压力，会增加成型制品内部的应力。在冷却固化后，这些内部应力会导致成型制品产生翘曲，因为填料过多会导致塑料在固化后的收缩变形不均匀，从而产生翘曲缺陷。

（二）模具

由于模具问题引起翘曲缺陷的因素包括浇注系统不合理、排气系统设计不合理、顶出机构的设计不合理、型芯和型腔偏移、脱模不良。

1. 浇注系统不合理

模具浇注系统的结构参数是影响塑件形位尺寸的重要因素，特别是模具浇口的设计涉及熔料在模具内的流动特性，塑件内应力的形成及热收缩变形等。如合理地确定浇口位置及浇口类型，往往可以较大程度地减少塑件的变形。在确定浇口位置时，不要使熔料直接冲击型芯，应使型芯两侧受力均匀；对于面积较大的矩形扁平塑件，当采用分子取向及收缩大的树脂原料时，应采用薄膜式浇口或多点式侧浇口，尽量不要采用直浇口或分布在一条直线上的点浇口；对于圆片形塑件，应采用多点式针浇口或直接式中心浇口，尽量不要采用侧浇口；对于环形塑件，应采用盘形浇口或轮辐式十字浇口，尽量不要采用侧浇口或针浇口；对于壳形塑件，应采用直浇口，尽量不要采用侧浇口。此外，在设计模具的浇注系统时，应针对熔料的流动特性，使流料在充模过程中尽量保持平行流动，这样，尽管成型后的塑件在相互垂直方向上的收缩有差别，也不会产生很大的翘曲变形。

2. 排气系统设计不合理

当排气系统设计不合理时，模具内部的气体无法及时排出，会在塑料充填模具的过程中被夹带进去，形成气泡。这些气泡会导致成型制品内部存在空洞和不均匀的结构，从而在冷却固化后产生翘曲缺陷。

3. 顶出机构的设计不合理

顶出机构的设计也直接影响塑件的翘曲变形。如果顶出机构布置不平衡，造成顶出力的不均衡而使塑件翘曲变形。因此，在设计顶出机构时应力求与脱模阻力相平衡。顶杆的截面积不宜太小，以防塑件单位面积受力过大而产生翘曲变形。

顶杆的布置应尽量靠近脱模阻力大的部位。对于精密扁平状塑壳件，应多设顶杆以减少塑件的变形，并采用顶杆脱模与推件板脱模相结合的复合脱模机构。用软质塑料来生产大型深腔薄壁的塑件时，由于脱模阻力较大，而材料又较软，如果完全采用机械式顶出方式，将使塑件产生翘曲变形，若改用多元件联合或气（液）压与机械式顶出相结合的方式，效果会更好。

4. 型芯和型腔偏移

型芯和型腔偏移会导致塑料在模具中的充填不均匀，造成成型制品内部存在不均匀的结构和应力分布，最终产生翘曲缺陷。为避免型芯和型腔偏移导致的翘曲缺陷，需要在模具设计和制造过程中严格控制型芯和型腔的精度，确保它们的位置和对位准确。通过优化模具结构，提高模具加工精度，可以有效减少翘曲缺陷的产生，提高成型制品的质量稳定性。

5. 脱模不良

如果塑件在脱模过程中受到较大的不均衡外力作用，会使其形体结构产生较大的翘曲变形。例如，模具型腔的脱模斜度不够、塑件顶出困难、顶杆的顶出面积太小或顶杆分布不均、脱模时塑料件各部分的顶出速度不一致及顶出速度太快或太慢、模具的抽芯装置及嵌件设置不当、型芯弯曲或模具强度不足、精度太差、定位可靠等都会导致塑件翘曲变形。对此，在模具设计方面，应合理确定脱模斜度、顶杆位置和数量，提高模具的强度和定位精度；对于中小型模具，可根据翘曲规律来设计和制作反翘曲模具，将型腔事先制成与翘曲方向相反的曲面，抵消取向变形，不过这种方法较难掌握，需要反复试制和修模，一般用于批量很大的塑件。在模具操作方面，应适当减慢顶出速度或增加顶出行程。

（三）注塑机

产品翘曲缺陷与注塑机相关的因素包括螺杆转速太快、型号不同、温度控制器不准确。

1. 螺杆转速太快

过快的螺杆转速会导致塑料在注塑成型过程中充填模具的速度过快，造成塑料内部应力的积累。在冷却固化后，这些内部应力会导致成型制品产生翘曲缺陷。

2. 型号不同

当不同型号的注塑机使用时，其注塑压力、注塑速度和温度控制等参数可能会与原有的工艺参数不同，导致塑料在充填模具和冷却固化过程中受到不同的影响，这种不同可能导致成型制品内部应力分布不均匀，从而在冷却固化后产生翘曲缺陷。

3. 温度控制器不准确

当温度控制器不准确时，注塑成型中所需的加热和冷却过程无法得到精确控制，导致塑料在充填模具和冷却固化过程中受到不均匀的温度影响，最终产生翘曲缺陷。

（四）材料

由材料问题引起翘曲缺陷的原因有分子取向不均衡、材料含水量过高、塑料黏度太低、收缩率不均匀。

1. 分子取向不均衡

热塑性塑料的翘曲变形很大程度上取决于塑件径向和切向收缩的差值，而这一差值是由分子取向产生的。通常，塑件在成型过程中，沿熔料流动方向上的分子取向大于垂直流动方向上的分子取向，这是由于充模时大部分聚合物分子沿着流动方向排列，充模结束后，被取向的分子形态总是力图恢复原有的卷曲状态，导致塑件在此方向上的长度缩短。因此，塑件沿熔料流动方向上的收缩大于垂直流动方向上的收缩。由于在两个垂直方向上的收缩不均衡，塑件必然产生翘曲变形。为了尽量减少由于分子取向差异产生的翘曲变形，应创造条件减少流动取向及缓和取向应力的松弛，其中最为有效的方法是降低熔料温度和模具温度。采用这一方法时，最好与塑件的热处理结合，否则，减小分子取向差异的效果往往是暂时性的。因为料温及模温较低时，熔料冷却很快，塑件内会残留大量的内应力，使塑件在后续使用过程中或环境温度升高时仍出现翘曲变形。如果塑件脱模后立即进行热处理，将其置于较高温度下保持一定时间再缓冷至室温，即可大量消除塑件内的取向应力。热处理的方法为：脱模后将塑件立即置于 $37.5 \sim 43\ ℃$ 温水中任其缓慢冷却。

2. 材料含水量过高

过高的含水量会导致塑料在注塑成型过程中产生气泡，这些气泡会在成型制品内部积聚并影响塑料的均匀性。在冷却固化后，这些气泡会导致成型制品产生不均匀的收缩变形，从而产生翘曲缺陷。

3. 塑料黏度太低

低黏度的塑料在注塑成型过程中可能无法充分填充模具，或者在冷却固化过程中无法有效地保持形状，从而导致成型制品的形状不稳定和翘曲。此外，低黏度的塑料在冷却固化后可能会产生不均匀的收缩变形，进一步导致翘曲缺陷的产生。

4. 收缩率不均匀

收缩率不均匀可能是由于注塑模具设计不合理、冷却系统不均匀或塑料材料性能不稳定等。在冷却固化过程中，不同部位的塑料收缩率不一致会导致内部应力分布不均匀，从而产生形状不稳定和翘曲缺陷。对于表面要求比较高的塑件，应尽量选用低收缩率的树脂牌号。

任务工单

任务名称	短射缺陷的调研和分析	组别	组员：

一、任务描述

深入调研和分析短射缺陷的形成原因及有效处理和预防短射缺陷的方法。任务要求如下：

1. 调研缩水缺陷：收集相关资料，了解短射缺陷的定义、特征和常见表现形式。通过文献研究、案例分析等方式，掌握短射缺陷的基本知识。

2. 收集样本和数据：收集实际注塑产品中出现短射缺陷的样本，并记录相关数据，如注塑材料、模具设计、注塑机参数等，这些数据将为后续的分析提供基础。

3. 实地观察和分析：前往注塑生产现场或实验室，进行实地观察和分析。观察注塑过程中的关键环节，如注射阶段、冷却阶段等，以确定可能导致短射缺陷的因素。

4. 数据分析和总结：对收集的样本和数据进行分析，总结缩水缺陷的可能原因，可以利用统计分析方法、模拟软件等工具，揭示短射缺陷形成的物理机制。

5. 提出处理和预防措施：根据分析结果，提出有效的处理和预防措施，以减少或消除短射缺陷，这可能涉及材料选择、模具设计优化、注塑工艺参数调整等方面的措施。

二、实施（完成工作任务）

工作步骤	主要工作内容	完成情况	问题记录

三、检查（问题信息反馈）

反馈信息描述	产生问题的原因	解决问题的方法

续表

四、评估（基于任务完成的评价）
1. 小组讨论，自我评述任务完成情况、出现的问题及解决方法，小组共同给出改进方案和建议。
2. 小组准备汇报材料，每组选派一人进行汇报。
3. 教师对各组完成情况进行评价。
4. 整理相关资料，完成评价表

指导教师评语：

任务完成人签字：　　　　　　　　　　　　　　　日期：　　　年　　月　　日
指导教师签字：　　　　　　　　　　　　　　　　日期：　　　年　　月　　日

参 考 文 献

［1］张喜根，陈永前，虞勇，等. 基于改进AHP的注塑模具短射故障分析研究［J］. 机械研究与应用，2020，33（05）：35-37.

［2］许傲. 注塑模成型过程中的常见缺陷及解决方法［J］. 湖北农机化，2017（04）：64.

［3］蒋洪斌. ABS注塑成型过程中常见的两个技术问题分析［J］. 现代职业教育，2016（30）：151.

［4］韩伟，江丽珍，黄凌森，等. 汽车挡位杆注塑模具冷却系统设计及优化［J］. 塑料，2020，49（02）：128-131.

［5］周华民，李德群. 基于成型模拟的注塑件熔接缝确定与评价［J］. 中国机械工程，2004，15（21）：1962-6.

［6］孙丽红. 合悦手写板注塑模具有限元分析与优化设计［D］. 青岛：青岛大学，2020.

［7］梁锦雄，欧阳渺安. 注塑机操作与成型工艺［M］. 北京：机械工业出版社，2005.

［8］李忠文，蒋文艺，陈延轩，等. 精密注塑工艺与产品缺陷解决方案100例［M］. 北京：化学工业出版社，2008.

［9］刘朝福. 先进注塑成型工艺及产品缺陷解析［M］. 北京：化学工业出版社，2022.

［10］杰瑞·M. 费希尔. 注塑成型缺陷解决手册：收缩与变形［M］. 倪光良，译. 北京：化学工业出版社，2022.

［11］李宗启，刘云志，石威权，等. 精密注塑工艺与产品缺陷解决方案100例［M］. 2版. 北京：化学工业出版社，2023.

［12］田书竹. 注塑产品缺陷图析［M］. 北京：化学工业出版社，2019.

［13］周建华. 注塑工完全自学一本通［M］. 北京：化学工业出版社，2022.

项目 6　注塑 CAE

项目引入

本项目旨在熟悉注塑计算机辅助工程（Computer Aided Engineering，CAE）技术原理，了解常见的注塑 CAE 软件，并能使用华塑 CAE 对模具方案进行评估。

项目目标

(1) 熟悉注塑 CAE 技术原理。
(2) 熟悉注塑 CAE 中面流、双面流、三维实体流技术的发展。
(3) 熟悉常见的注塑 CAE 软件。
(4) 熟悉注塑 CAE 的分析流程。
(5) 熟练使用华塑 CAE 软件。

任务 1　注塑成型 CAE 概述

【任务描述】

熟悉注塑 CAE 的原理及常见的注塑流动模拟技术；熟悉常见的模流分析软件；熟悉模流分析常见的结果数据，并用于指导产品设计。

【知识链接】

一、注塑 CAE 技术原理

塑料注塑成型 CAE 是通过对实际物理过程进行抽象简化，得到描述实际物理过程的一组数学方程式，再利用数值技术和计算机技术对这些方程式进行求解，从而实现对实际物理过程的定量预测。利用 CAE，人们可以对不同的材料、产品结构、模具结构和工艺参数的成型过程进行模拟，并预测成型缺陷和产品质量，从而为优化制品结构、模具结构和工艺参数提供参考。从效果上看，基于 CAE 的优化过程是一个虚拟的试模、调整过程，该过程不需要真实的物料、注塑机和模具，因此降低了开发成本。此外，CAE 还提供了实际试模过程所不具备的成型过程中塑料、模具状态和成型结束产品质量的全面、直观、深层次和定量化的信息描述，为探索材料、模具和工艺对成型过程和产品质量的影响规律，开发高精度、高性能的塑料产品提供了强有力的工具。目前，CAE 已成为现代塑料注塑成型产品开发中不可或缺的工具。

二、注塑 CAE 充填模拟技术

注塑模流仿真技术可以分为三代：第一代是基于中面模型的中面流技术；第二代是基于表面模型的双面流技术；第三代是基于实体模型的实体流技术。

（一）中面流技术

中面流技术的应用始于 20 世纪 80 年代，基于中面流技术的注射流动模拟软件应用的时间最长、范围也最广。中面流技术的数值方法主要采用基于中面的有限元/有限差分/控制体积法。用户首先要将薄壁塑料制品抽象成具有一定厚度的近似平面和曲面，这些面称为中面，在这些中面上生成二维平面三角网格，每个三角网格的厚度就等于制品在该处的厚度，利用这些二维平面三角网格进行数值分析，计算出充模、保压和冷却等注射过程的流前位置、温度场、压力场、剪切力场、收缩指数、应力分布、翘曲变形等各种场值，并将最终的分析结果在中面上显示，其模拟过程如图 6.1 所示。

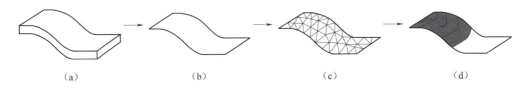

图 6.1 基于中面模型的模拟

(a) 制品；(b) 抽象的中面模型；(c) 中面模型网格；(d) 模拟结果显示

在大多数情况下，基于中面流技术的注塑模拟软件能够成功地预测注塑成型过程中的压力场、速度场、温度分布、熔接纹位置、翘曲变形等信息，但在中面流技术中，考虑到制品的厚度远小于其他两个方向的尺寸，塑料熔体的黏度大，将熔体的充模流动视为扩展层流，忽略了熔体在厚度方向的速度分量，并假定熔体中的压力不沿厚度方向变化，由此将三维流动问题分解为流动方向的二维分析和厚度方向的一维分析。由于采用了简化假设，其产生的信息是有限的、不完整的，必然产生较大的工程误差。更为重要的是，应用中面流技术进行模拟分析，必须先构造出中面模型。因此中面流技术在应用中具有很大的局限性，具体表现为：(1) 用户用手工操作直接由塑料制品或者三维 CAD 模型构造中面模型十分困难；(2) 独立开发的注塑成型模拟软件造型功能较差，根据产品构造中面模型往往需要花费大量的时间；(3) 由于注射产品千变万化，由产品模型直接生成中面模型的 CAE 软件的成功率不高、覆盖面不广；(4) 由于 CAD 阶段使用的产品模型和 CAE 阶段使用的分析模型不统一，使二次建模不可避免，CAD/CAM 与 CAE 系统的集成也无法实现。由此可见，提取中面已经成为中面流技术的致命缺陷，采用表面模型或者实体模型来取代中面模型成为必然。

（二）双面流技术

20 世纪 90 年代后期，CAD/CAM 技术已经非常成熟，模具企业普遍采用了三维 CAD/

CAM 软件。中面流技术已经不能适应生产的需要，研发与三维 CAD/CAM 软件相适应、在模型之间形成无缝接口的 CAE 技术成为必然。双面流技术刚好解决了 CAD/CAM 软件与 CAE 软件的接口问题，其商品化软件的典型代表有我国华中科技大学模具技术国家重点实验室的 HSCAE 3DRF、澳大利亚 Moldflow 公司的 Part Advisor 及美国 AC-Tech 公司的 3DQuickFill。

双面流是指将模具型腔或制品在厚度方向上分成两部分，有限元网格在制品的表面（也是型腔的表面）产生，而不是在中面，并为网格配置厚度、配对节点等信息，利用表面上的平面三角网格进行数值分析。相应地，分析结果也在表面上显示，其模拟过程如图 6.2 所示。

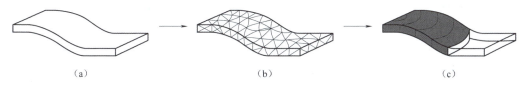

图 6.2　基于表面模型的模拟
(a) 制品；(b) 表面网格模型；(c) 模拟结果显示

显然，双面流技术所应用的原理和方法与中面流没有本质上的差别，不同的是双面流采用了一系列相关的算法，将沿中面流动的单股熔体处理为沿上、下表面协调流动的双股流，这正是双面流说法的来源。由于上、下表面处的网格无法一一对应，而且网格形状、方位与大小也不可能完全对称，如果直接进行有限元分析，会导致分析过程中上、下两个表面的塑料流动模拟各自独立地进行，彼此之间毫无关联、互不影响，这与塑料制品在注射过程中的实际情况不相符。因此，必须将所有表面网格的节点进行厚度方向配对，使有限元分析算法能根据配对信息协调上、下两个表面的塑料流动过程，将上、下对应表面的熔体流动前沿所存在的差别控制在允许的范围内，这是实施双面流技术的难点所在。

目前，基于双面流技术的模拟软件主要是接受三维实体表面模型的 STL、IGES、STEP 等文件格式。现在主流的 CAD/CAM 系统，如 UG、Pro/E、SolidWorks、AutoCAD 等均可输出其中的至少一种文件。由于是直接读取实体表面信息生成表面三角形网格，免去了中面模拟技术中先抽象出中面，再生成三角形网格这个复杂步骤。也就是说，用户可借助任何商品化的 CAD/CAM 系统生成所需制品的三维几何模型文件，CAE 软件可以自动将模型文件转化为有限元网格模型，大大减轻了用户建模的负担、降低了对用户的技术要求，对用户的培训时间也由过去的数周缩短为几小时。同时，由于双面流模拟技术将分析结果显示在实体表面上，比将分析结果显示在中面上具有更真实生动的显示效果。双面流技术具有中面流技术的大部分优点，特别是克服了提取中面的烦琐过程，因此，基于双面流技术的 CAE 软件问世仅仅几年，便在世界上拥有了庞大的用户群，得到了广大用户的支持和好评。

双面流技术具有明显优点的同时也存在着明显的缺点。由于它采用的是和中面流一样的二维半模型和简化假设，所以其分析数据不完整。除了用有限差分法求解温度、黏度、应力等在壁厚方向的差异外，基本上没有考虑物理量在厚度方向上的变化。随着塑料注塑成型工艺的发展，塑料制品的结构越来越复杂，壁厚差异越来越大，物理量在壁厚方向上的变化逐渐变得不容忽视。同时由于数据的不完整，造成了流动模拟与冷却分析、应力分析、翘曲分析集成的困难。熔体仅沿着上、下表面流动，在厚度方向上未做任何处理，缺乏真实感。另外，与中面技术对比，基于表面模型的数据量明显增大，而且由于上、下表面的强制协调必然导致工程误差的加大。因此，从某种意义上讲，双面流技术只是一种从二维半数值分析（中面流）向三维数值分析（实体流）过渡的手段。要实现塑料注射制品的虚拟制造，必须依靠实体流技术。

（三）实体流技术

三维模拟一直是当今塑料注塑成型领域中的研究热点，其技术难点多，经历实践考验的时间短，目前还没有真正成熟的软件问世。实体流技术在实现原理上仍与中面流技术相同，所不同的是数值分析方法有较大差别。在实体流技术中熔体在厚度方向的速度分量不再被忽略，熔体的压力随厚度方向变化。实体流技术直接利用塑料制品的三维实体信息生成三维立体网格，利用这些三维立体网格进行有限元计算，不仅获得实体制品表面的分析数据，还获得实体内部的分析数据，计算数据完整。因此，对于薄壁制品，实体流技术能够产生更加详细的关于流动特征的信息和应力分布；对于有厚壁区域的制品（如气体辅助成型模拟），实体流技术能更加准确地预测其成型过程。许多在二维半模型中不能预测的微观行为，如熔体前沿的流动形态和推进方式，即"泉涌"效应在实体流技术中都可以得到很好的体现。实体流技术完全克服了双面流技术的不足，为注射流动全过程模拟打下了基础。同时分析结果直接在三维制品上或三维透明的模具型腔内显示，更加真实生动，其模拟过程如图6.3所示。

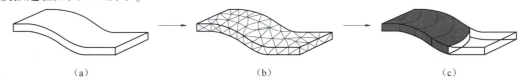

图6.3 基于实体模型的模拟
(a) 制品；(b) 立体网格模型；(c) 模拟结果显示

与中面流或双面流相比，由于实体流模型考虑了熔体在厚度方向上的速度分量，因此其控制方程要复杂得多，相应地求解过程也复杂得多，计算量大、计算时间过长，这是基于实体流的注塑模拟软件目前所存在的最大问题，如电视机外壳或洗衣机缸这样的塑料制品，用现行软件，在目前配置最好的微机上仍需要数百小时才能计算出一个方案。如此冗长的运行时间与虚拟制造的宗旨大相径庭，塑料制品的虚拟制造是将制品设计与模具设计紧密结合在一起的协同设计，追求的是高质量、低成本和短周期。如何缩短实体流技术的运行时间是当前注塑成型计算机模拟领域的研究热点和当务之急。随着研究开发人员的不懈努力以及计算机硬件的飞速发展，可以预见，满足虚拟制造要求的三维注塑模拟软件会在近年内涌现。华中科技大学模具技术国家重点实验室在成功推出中面流软件 HSCAE 3.0 和双面流软件 HSCAE 3DRF 后，正在开发全新的实体流模拟软件，而且已经研发出了商品化准实体流软件 HSCAE3D。

三、注塑模流的指导作用

塑料注塑模流动模拟软件的指导意义十分广泛，作为一种设计工具，能够辅助模具设计者优化模具结构与工艺，指导产品设计者从工艺的角度改进产品形状，选择最佳成型性能的塑料，帮助模具制造者选择合适的注塑机，当变更塑料品种时对现有模具的可行性作出判断，分析现有模具设计的弊病。同时，流动软件又是一种教学软件工具，能够帮助模具工作者熟悉熔体在型腔内的流动行为，把握熔体流动的基本原则。下面逐项分析三维流动软件的主要输出结果如何指导设计。

（一）熔体流动前沿动态显示

显示熔体从进料口逐渐充满型腔的动态过程，由此可判断熔体的流动是否为较理想的单项流形式（简单流动），因为复杂流动成型不稳定，容易出现次品；以及各个流动分支是否同时充满型腔的各个角落（流动是否平衡）。若熔体的填充过程不理想，可以改变进料口的尺寸、数量和位置，反复运行流动模拟软件，直到获得理想的流动形式为止。若仅仅是为了获得较好的流动形式而暂不考察详尽的温度场、应力场的变化，或是初调流道系统，最好运行简易三维流动分析（等温流动分析），经过几次修改，得到较为满意的流道设计后，再运行非等温三维流动分析。

（二）型腔压力

在填充过程中最大的型腔压力值能帮助判断在指定的注塑机上熔体能否顺利充满型腔（是否短射），何处最可能产生飞边，在各个流动方向上单位长度的压力差（又称压力梯度）是否接近相等（因为最有效的流动形式是沿着每个流动分支熔体的压力梯度相等），是否存在局部过压（容易引起翘曲）。流动模拟软件还能给出熔体填充模具所需的最大锁模力，以便用户选择注塑机。

（三）熔体温度

提供型腔内熔体填充过程中的温度场。可鉴别填充过程中熔体是否存在着因剪切发热而形成的局部热点（易产生表面黑点、条纹等并引起力学性能下降），判断熔体的温度分布是否均匀（温差太大是引起翘曲的主要原因），判断熔体的平均温度是否太低（引起注射压力增大）。熔体接合点的温度还可帮助判断熔合纹的相对强度。

（四）剪切速率

剪切速率又称应变速率或速度梯度，该值对熔体的流动过程影响很大。实验表明，熔体在剪切速率为 $10^3\ s^{-1}$ 左右成型时，制品的质量最佳。流道处熔体剪切速率的推荐值为 $5\times10^2 \sim 5\times10^3\ s^{-1}$，浇口处熔体剪切速率的推荐值为 $10^4 \sim 10^5\ s^{-1}$。流动软件能给出不同填充时刻型腔各处的熔体剪切速率，有助于用户判断在该设计方案下预测的剪切速率是否与推荐值接近，而且还能判断熔体的最大剪切速率是否超过该材料所允许的极限值。剪切速率过大将使熔体过热，导致聚合物降解或产生熔体破裂等弊病。剪切速率分布不均匀会使熔体各处分子产生不同程度的取向，因而收缩不同，导致制品翘曲。通过调整注射时间可以改变剪切速率。

（五）剪切应力

剪切应力也是影响制品质量的一个重要因素，制品的残余应力值与熔体的剪切应力值有一定的对应关系：剪切应力值大，残余应力值也大。因此总希望熔体的剪切应力值不宜过大，以避免制品翘曲或开裂。根据经验，熔体在填充型腔时所承受的剪切应力不应超过该材料抗拉强度的 1%。

（六）熔合纹/气穴

两个流动前沿相遇时形成熔合纹，因而在多浇口方案中熔合纹不可避免，在单浇口时，部分制品的几何形状及熔体的流动情况也会形成熔合纹。熔合纹不仅影响外观，而且为应力集中区，材料结构性能也受到削弱。改变流动条件（如浇口的数目与位置等）可以控制熔合纹的位置，使其处于制品低感光区和应力不敏感区（非关键部位）。而气穴为熔体流动推动空气最后聚集的部位，如果该部位排气不畅，就会引起局部过热、气泡，甚至充填不足等缺陷，此时应该加设排气装置。流动模拟软件可以为用户准确地预测熔合纹和气穴的位置。

（七）多浇口的平衡

当采用多浇口时，来自不同浇口的熔体相互汇合，可能造成流动的停滞和转向（潜流效应），这时各浇口的充填不平衡，影响制品的表面质量及结构的完整性，也得不到理想的简单流动，这种情况应调整浇口的位置。

（八）表面定向

表面定向是通过计算熔体前沿的速度方向得到的，表面定向的方向即熔体前沿到达给定制品位置的速度方向，它很大程度上说明了具有纤维填充制品的纤维取向。表面定向在预测制品的机械性能方面有重要的作用，因为制品在表面定向方向上的冲击强度要高，在表面定向方向上的抗拉强度也要高。通过调整浇口的位置调节制品的表面定向，可以优化制品的力学性能。

（九）收缩指数

收缩指数是指保压完成后每个单元体积相对于该单元原始体积收缩的百分比。收缩指数主要用于预测成型制品产生缩痕的位置和可能趋势，一般说来，在收缩指数大的地方，产生缩痕的可能性更大。收缩指数还影响到制品的翘曲程度，为了减少制品的翘曲程度，应尽量使整个制品上的收缩指数趋于均匀。

（十）密度场

密度场显示了保压过程中制品上材料密度的分布。在保压过程中，由于制品上密度分布不均匀，制品上密度高的地方的材料向密度低的地方流动并最终达到平衡。密度场主要用于计算制品的收缩指数，预测缩痕产生的位置和可能性。

（十一）稳态温度场

稳态温度场显示了模壁（型腔和型芯表面）的温度分布，反映了模壁温度的均匀性。高温区域通常由于模具冷却不合理造成，应当避免。模壁温度的最大值与最小值之差反映了温度分布的不均匀程度，不均匀的温度分布可以产生不均匀的残余应力，从而导致塑件翘曲。

（十二）热流密度

模壁（型腔和型芯表面）的热流密度分布反映了模具冷却效果和塑件放热的综合效应。对于壁厚均匀的制品，热流小的区域冷却效果差，应予改进。对于壁厚不均匀的制品，薄壁区域热流较小，厚壁区域热流较大。正值表示放热，负值表示吸热，一般来说制品放出热量而冷却水管吸收该热量。

（十三）型芯型腔温差

模具型腔与型芯的温差反映了模具冷却的不平衡程度，由型腔和型芯冷却的不对称造成,是导致塑件产生残留应力和翘曲变形的主要原因。对于温差较大(大于10℃)的区域,应修改冷却系统设计或改变成型工艺条件(如冷却液温度等),减小模具在此区域冷却的不平衡程度。

(十四) 中心面温度

对于无定形塑料厚壁制品(壁厚与平均直径之比大于1/20),其脱模准则是其最大壁厚中心部分的温度达到该种塑料的热变形温度。

(十五) 截面平均温度

对于无定形塑料薄壁制品,其脱模准则是制品截面内的平均温度已达到所规定的制品的脱模温度。

(十六) 冷却时间

冷却时间是指塑件从注射温度冷却到指定的脱模温度所需的时间。根据塑件的冷却时间分布,设计者可以知道塑件的哪一部分冷却得快,哪一部分冷却得慢。理想的情况是所有区域同时达到脱模温度,则塑件总的冷却时间最短。

(十七) 平面应力

平面应力是垂直于壁厚方向的平面上的应力,平面应力在制品的不同壁厚处的数值是变化的。平面应力是制品出模后产生制品平面方向收缩的主要原因之一,过大的平面应力将使制品产生较大的收缩,应当避免。

(十八) 厚向应力

厚向应力是制品的壁厚方向的应力。厚向应力是制品壁厚方向收缩的主要原因,较小的厚向应力可以减少制品的收缩。

(十九) 翘曲

翘曲结果显示了经过保压和冷却过程后的制品发生变形的趋势和变形量。通过对翘曲结果的分析,改进保压和冷却工艺条件,可以减少制品的翘曲变形。

(二十) 流动前沿温度

流动前沿温度显示熔体到达型腔各个位置时的温度。流动前沿温度过低,容易造成滞流或短射;流动前沿温度过高,容易造成材料裂解或表面缺陷。因此,需保证流动前沿温度在推荐的塑料成型温度范围内。

(二十一) 充填浇口

充填浇口显示型腔各处是来自哪个浇口的熔体充填的,该结果可以用来确定型腔中熔体是否平衡流动,如果不同的浇口都向型腔中同一处充填,就可能会导致熔体不平衡的流动。

(二十二) 凝固层厚度

凝固层厚度主要用于计算每个单元的凝固比例,其范围为0~1。在充填过程中,如果某处的凝固层厚度比较大,则表示该处的热损失较严重,流动率比较小,容易滞流。充填中的注射速度较快时,凝固层厚度较薄。

(二十三) 冷却介质温度

冷却介质温度是指冷却液在冷管中的温度分布。根据此结果可以得出回路出入口的温差,在生产中精密模具温差在2℃以内,普通模具也不要超过5℃。

(二十四) 冷却介质速度

冷却介质速度是指冷却液在冷管中的速度分布,速度较高时冷管中的压力降也比较大,冷却效果也会相对较好。

(二十五) 冷却介质雷诺数

冷却介质雷诺数是指冷却液在冷管中的雷诺数分布,只有当雷诺数大于10 000时,冷却管道中的冷却液才能达到紊流,冷却效果才有可能较理想。

(二十六) 可顶区域

判断在顶出时刻制品各处是否真正可顶出,一般红色的表示可顶区域,蓝色的表示该区域不可顶出,绿色的区域表示中间区域。

四、常见注塑 CAE 软件

自20世纪90年代末开始,伴随着塑料注塑成型三维充填模拟技术研究的发展,一些三维模拟商业软件也开始出现,比较有代表性的有美国 Autodesk 公司的 Moldflow、中国台湾地区科盛公司的 Moldex3D、德国 SIGMA Engineering 公司的 SIGMASOFT、法国 Transvalor 公司的 REM3D,以及日本东丽公司的 3D TIMON。在这些商业软件中,以 Moldflow 和 Moldex3D 最为有名。

3D TIMON 由东丽公司于1996年推出,是最早采用三维模拟技术的塑料注塑成型模拟软件。与其他三维模拟软件不同,3D TIMON 并非求解 Navier-Stokes 方程或 Stokes 方程,而是将 Hele-Shaw 模型推广到三维情况。与求解 Navier-Stokes 方程或 Stokes 方程需要求解三个速度分量方程和一个压力方程相比,该方法只需要求解一个压力方程,而速度可以通过简单的公式获得,因此计算机内存和计算时间大大减少。2003年,3D TIMON 开发了双折射率模拟模块,成为世界上第一个可以预测注塑成型制品光学性能的商品软件。

Transvalor 公司于20世纪90年代末期将 CEMEF 大学的研究成果商品化,推出了名为 REM3D 的塑料注塑成型三维有限元模拟软件。REM3D 最大的特色是采用了全自动自适应四面体网格划分技术,该技术可对需要高精度计算的区域进行网格自动细化,因此计算精度比较高。此外,REM3D 采用了 Level set 方法来模拟界面运动。

SIGMA Engineering 是 MAGMA 的子公司,MAGMA 旗下有著名的铸造模拟软件 MAGMASOFT。1998年,SIGMA Engineering 推出了塑料注塑成型三维模拟软件 SIGMASOFT,该软件由 MAGMASOFT 发展而来,因此与 MAGMASOFT 一样采用有限差分方法和结构化网格。SIGMASOFT 不仅支持热塑性材料,还支持热固性和橡胶材料。此外,SIGMASOFT 还能用于金属粉末注塑成型和陶瓷粉末注塑成型模拟。

Moldflow 最开始由 Colin Austin 于1978年在澳大利亚墨尔本创立,是最早提供塑料注塑成型模拟的软件之一。该公司于2000年收购了另一著名的塑料注塑成型模拟软件公司 C-Mold,从而成为该领域技术实力和市场占有率最大的公司。C-Mold 是由美国康奈尔大学教授、美国科学院与美国工程院两院院士王国金(K. K. Wang)及其学生王文伟(V. W. Wang)所创,是最早提供2.5D模拟技术的公司。2008年,Moldflow 公司被 Autodesk 公司收购。Moldflow 于1998年推出了全三维充填模拟模块,并于1999年推出了全三维保压模拟模块。目前 Moldflow 已经提供了全面的三维分析功能,包括三维冷却模拟、三维翘曲模拟等。Moldflow 所采用的数值离散方法为有限元法,运动界面模拟技术为 Level set 方法，耦合控制方程的求解采用了耦合算法。

科盛公司的 Moldex3D 产品起源于台湾清华大学化学工程系张荣语（R. Y. Chang）教授及其合作者的工作。与其他三维模拟软件不同，Moldex3D 采用了有限体积法，运动界面的模拟采用了 VOF 方法。由于有限体积法允许混合不同形状的单元，Moldex3D 采用了边界层网格（BLM）技术，即在壁面附近采用多层六面体或三棱柱单元，而在内部采用尺寸比较大的四面体或角锥体单元。使用边界层网格技术提高了黏滞加热效应及速度分析的精度，同时有效减少了计算量，提高了翘曲分析的精度。目前，Moldex3D 已具备完善的三维分析模块，并支持其他多种类型成型工艺模拟，比如，注射压缩成型、反应注塑成型、金属粉末注塑成型和芯片封装等工艺。

在国内大陆地区，对塑料注塑成型模拟的研究主要集中在一些高等院校的团队上。其中，华中科技大学李德群教授领导的课题组从 20 世纪 80 年代开始便致力于塑料注塑成型模拟研究，并开发出我国第一个拥有自主知识产权的基于双面流模型的商品化模拟软件 HsCAE3D。经过十多年的开发，HsCAE3D 已经发展成功能完备、模块齐全的 CAE 系统，提供充填模拟、保压模拟、冷却模拟、应力模拟和翘曲预测等主要分析功能，并集成了注塑机动作仿真、网格管理工具、分析报告工具、塑料材料测试与建库等辅助工具。在塑料注塑成型全三维模拟技术上，李德群教授领导的课题组也进行了深入的研究。郑州大学也较早开展了塑料注塑成型模拟研究，并推出了具有自主知识产权的 CAE 软件 Z-MOLD。此外，西北工业大学、大连理工大学、上海交通大学、浙江大学、南昌大学和成都科技大学等高校也在塑料注塑成型模拟领域开展了富有成效的工作。然而，国内大陆地区至今还未有机构单位推出具备工程实用性的塑料注塑成型全三维模拟软件。

任务 2　华塑 CAE 操作基础

【任务描述】

熟悉华塑 CAE 的系统功能；熟悉华塑 CAE 的操作界面和操作流程。

【知识链接】

一、系统介绍

华塑塑料注塑成型过程仿真集成系统 7.5（HsCAE3D 7.5）是华中科技大学模具技术国家重点实验室华塑软件研究中心推出的注塑成型 CAE 系列软件的最新版本，用来模拟、分析、优化和验证塑料零件和模具设计，其采用了国际上流行的 OpenGL 图形核心和高效精确的数值模拟技术，支持如 STL、UNV、INP、MFD、DAT、ANS、NAS、COS、FNF、PAT 等十种通用的数据交换格式，支持 IGES 格式的流道和冷却管道的数据交换。目前国内外流行的造型软件（如 Pro/E、UG、Solid Edge、I-DEAS、ANSYS、Solid Works、InteSolid、金银花 MDA 等）所生成的制品模型通过其中任一格式均可以输入并转换到 HsCAE3D 系统中，进行方案设计、分析及显示。HsCAE3D 包含了丰富的材料数据参数和上千种型号的注塑机参数，保证了分析结果的准确可靠。HsCAE3D 还可以为用户提供塑料的流变参数测定，并将数据添加到 HsCAE3D 的材料数据库中，使分析结果更符合实际的生产情况。

华塑 HsCAE3D 7.5 能预测充模过程中的流前位置、熔合纹和气穴位置、温度场、压力场、剪切力场、剪切速率场、表面定向、收缩指数、密度场以及锁模力等物理量；冷却过程模拟支持常见的多种冷却结构，为用户提供型腔表面温度分布数据；应力分析可以预测制品在出模时的应力分布情况，为最终的翘曲和收缩分析提供依据；翘曲分析可以预测制品出模后的变形情况，预测最终的制品形状；气辅分析用于模拟气体辅助注塑成型过程，可以模拟具有中空零件的成型和预测气体的穿透厚度、穿透时间以及气体体积占制品总体积的百分比等结果。利用这些分析数据和动态模拟，可以极大限度地优化浇注系统设计和工艺条件，指导用户进行优化布置冷却系统和工艺参数，缩短设计周期、减少试模次数、提高和改善制品质量，从而达到降低生产成本的目的。

二、系统功能

（1）支持通用三维造型系统的文件输入，能导入由 ProE、UG 等三维建模软件输出的多种零件数据，包括 STL、UNV、INP、DAT、ANS、NAS、COS、FNF 和 PAT 等 9 种文件格式，并可以导入华塑网格管理器输出的 2DM 网格文件。

（2）强大的网格诊断和修复功能，可以为塑料注塑成型过程模拟提供高质量的网格，保证分析结果的精度和可行度。

（3）塑料熔体的双面流流动前沿的真实显示，塑料熔体充模成型过程中的压力场、温度场、剪切力场、剪切速率场、熔合纹与气穴等的预测。

（4）实体流功能逼真地模拟了熔融塑料在模具型腔中的流动情形。

（5）注塑成型冷却过程的模拟，为用户提供型腔表面温度分布数据，指导用户进行注塑模温度调节系统的优化设计。

（6）适于热塑性塑料的应力/翘曲分析，可以预测制品在保压和冷却之后，出模时制品内的应力分布情况，为最终的翘曲和收缩分析提供依据。并可以预测制品出模后的变形情况，预测最终的制品形状。

（7）气辅分析用于模拟气体辅助注塑成型过程，在进行好充模设计和气辅设计之后，气辅分析可以预测气体的穿透厚度、穿透时间及气体体积占制品总体积的百分比等结果。

（8）开放方便的流道设计、多型腔设计方式，可以更方便快捷地建立或导入流道系统。

（9）方便快捷的冷却系统设计可以迅速建立起冷却水路，并提供了对喷流管、隔板等各种冷却结构的支持。

（10）自动生成简体中文、繁体中文、英文 3 种语言版本，网页格式和 WORD 两种格式的分析报告。

（11）数据管理器能更方便地集中管理分析数据与操作进程。

（12）开放式的材料数据库及注塑机数据库不仅包含了丰富的塑料材料种类和注塑机型号，并提供了数据的导入和导出功能。

（13）批处理功能支持多个分析方案的连续分析。

（14）提供了方便快捷的视图操作功能，支持各种视图操作方式的自定义设置。

（15）支持多窗口、多任务工作模式使方案的对比更加方便。

三、界面与操作介绍

(一) 操作界面

华塑 CAE3D 软件主要分为制品图形窗口、充模设计窗口、冷却设计窗口、翘曲设计窗口、气辅设计窗口、开始分析窗口、分析结果窗口和动作仿真窗口，如图 6.4 所示。当用户当前的窗口不同时，菜单栏也会随之变化。

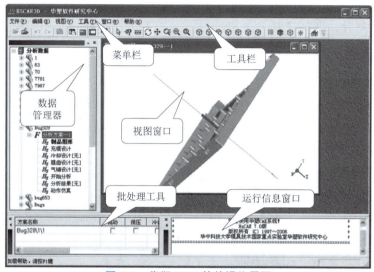

图 6.4　华塑 CAE 软件操作界面

(二) 操作流程介绍

华塑 CAE 操作流程包括新建零件、新建方案、导入模型、充填设计、冷却设计、翘曲设计、气辅设计等，如图 6.5 所示。

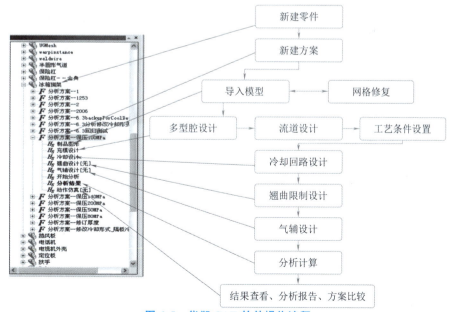

图 6.5　华塑 CAE 软件操作流程

任务 3　华塑 CAE 分析实例

【任务描述】

熟悉华塑 CAE 的基本操作，会使用华塑 CAE 进行新建零件、添加分析方案、导入零件、网格划分、网格修复、新建进料点、工艺条件设置、充填分析、冷却分析等操作。

【知识链接】

以鼠标为例，介绍华塑 CAE 的基本操作。

一、新建零件

在数据管理器中右击"分析数据"目录，弹出如图 6.6 所示的快捷菜单。选择"新建零件"命令，弹出"新建零件"对话框，如图 6.7 所示。在"请输入名称"文本框中输入新建零件的名称"鼠标"，单击"确定"按钮。

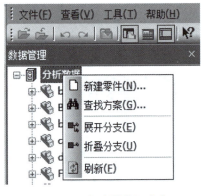

图 6.6 "新建零件"命令

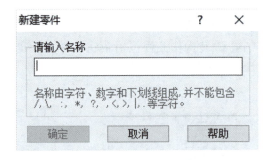

图 6.7 "新建零件"对话框

二、添加分析方案

在数据管理器中右击"鼠标"目录，弹出如图 6.8 所示的快捷菜单，选择"添加分析方案"命令，弹出"新建分析方案"对话框，如图 6.9 所示。在"请输入名称"文本框中输入新建分析方案的名称"简单流动"。

图 6.8 "添加分析方案" 命令

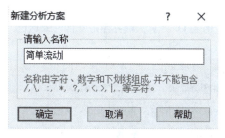

图 6.9 "新建分析方案" 对话框

三、导入零件

在数据管理器中右击"鼠标"—"分析方案-简单流动"目录,弹出如图 6.10 所示的快捷菜单,选择"导入制品图形文件"命令,弹出"导入制品图形文件"对话框,如图 6.11 所示。找到该零件的目录及名称,单击"打开"按钮。

图 6.10 导入制品图形文件

图 6.11 "导入制品图形文件"对话框

在导入制品图形文件时,出现如图 6.12 所示对话框,在"选择零件尺寸单位"选项组中选择"毫米"命令,"精细控制"选项组中的设置默认,确认没有勾选"生成四面体网格,显示实体流结果"复选框,单击"确定"按钮。

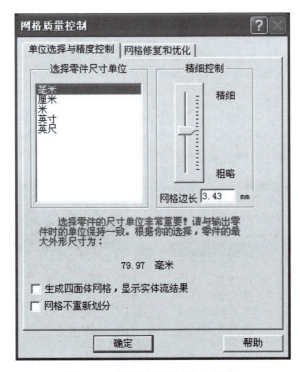

图 6.12 "网格质量控制"对话框

四、新建进料点

在数据管理器中的"鼠标"—"分析方案-简单流动"目录下双击"充模设计"命令,进入充模设计窗口。选择"设计"—"新建"—"进料点"命令,弹出"定义进料点"对话框,如图 6.13 所示。

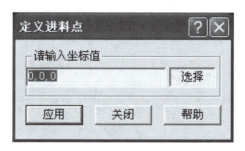

图 6.13 "定义进料点"对话框

单击零件相应的位置,接着在"定义进料点"对话框中点击"应用"按钮,再单击"关闭"按钮,此时进料点位置如图 6.14 所示。

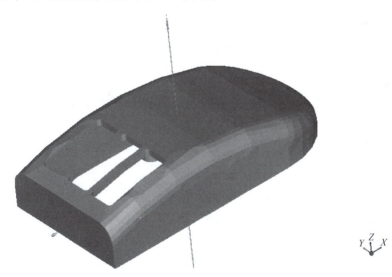

图 6.14 进料点位置

选择"设计"—"完成流道设计"命令完成充模设计。

五、工艺条件设置

选择"设计"—"工艺条件"命令,弹出"成型工艺"对话框,如图 6.15 所示。该对话框用于设置制品材料、注射机、成型条件及注射方式。

(1)选择塑料。在"成型工艺"对话框中,选择"制品材料"标签进入"制品材料"选项卡。在"材料种类"下拉列表框中选择"ABS"选项,在"商业名称"下拉列表框中选择"ABS780"选项,如图 6.15 所示。

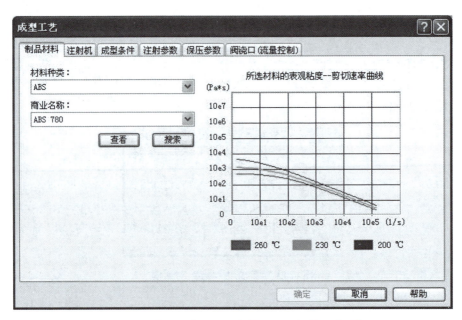

图 6.15 "成型工艺"对话框的"制品材料"选项卡

（2）选择注射机。在"成型工艺"对话框中，选择"注射机"标签进入"注射机"选项卡。在"注射机制造"下拉列表框中选择"Generic"选项，在"注射机型号"下拉列表框中选择"250 ton"选项，如图 6.16 所示。

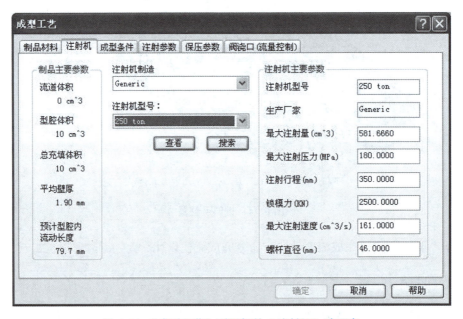

图 6.16 "成型工艺"对话框的"注射机"选项卡

（3）成型条件设置。在"成型工艺"对话框中，选择"成型条件"标签进入"成型条件"选项卡。选择默认参数，如图 6.17 所示。

（4）设置速度参数。在"成型工艺"对话框中，选择"注射参数"标签进入"注射

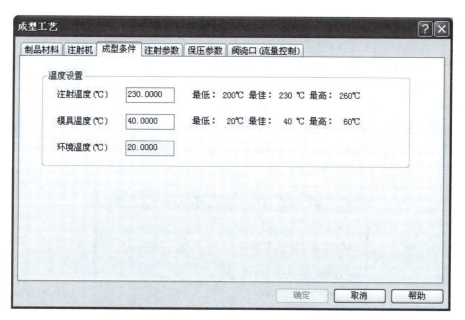

图 6.17 "成型工艺"对话框的"成型条件"选项卡

参数"选项卡。在"注射级数"下拉列表框中选择"1"选项,在"注射时间"文本框中输入"0.400 0",其他参数默认,如图 6.18 所示。

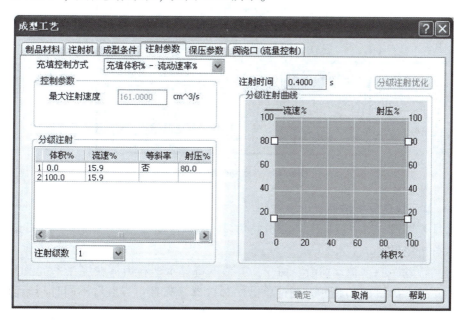

图 6.18 "成型工艺"对话框的"注射参数"选项卡

(5)保存成型工艺设置。分级保压参数本方案不需设定,单击"成型工艺"对话框中的"确定"按钮,保存当前设置的成型工艺参数。

六、流动模拟

完成注塑成型快速流动分析和详细流动分析。

(一) 快速流动分析

在数据管理器中的"鼠标"—"分析方案-简单流动"目录下双击"开始分析"命令，进入分析窗口。在工具栏单击"开始分析"按钮，弹出"启动分析"对话框，如图6.19所示。勾选"快速充模分析"复选框，单击"启动"按钮，开始快速分析。在运行信息窗口可查看快速分析的相关信息。

图6.19 "启动分析"对话框

(二) 显示快速分析结果

在数据管理器中的"鼠标"—"分析方案-简单流动"目录下双击"分析结果"命令，进入分析结果窗口。

选择"流动"—"流动前沿"命令，屏幕上将显示塑料熔体在浇注系统及型腔内的流动前沿位置，如图6.20所示。通过单击"播放器"按钮可以查看不同时刻流动前沿的位置。

选择"流动"—"融合纹"和"流动"—"气穴"命令，可以查看融合纹和气穴的位置，如图6.21所示。

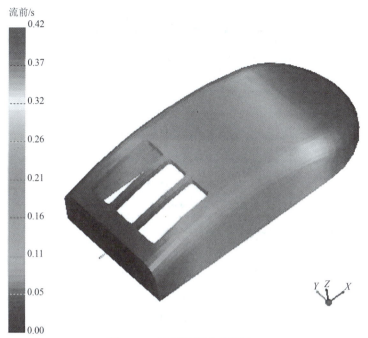

图 6.20　塑料熔体流动前沿

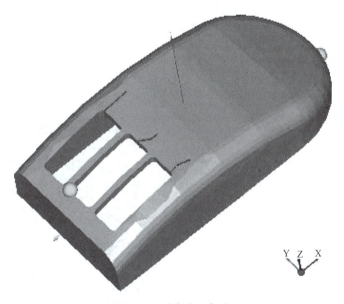

图 6.21　融合纹、气穴

（三）详细分析

在数据管理器中的"鼠标"—"分析方案-简单流动"目录下双击"开始分析"命令，进入分析窗口，弹出"启动分析"对话框，勾选"详细分析"选项组中的"充模分析"复选框，单击"启动"按钮，开始详细充模分析，如图 6.22 所示。在运行信息窗口可查看详细分析的相关信息。

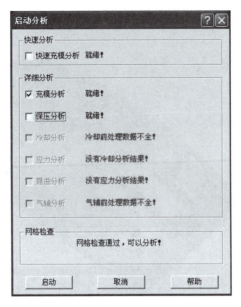

图 6.22 "启动分析"对话框

(四) 显示详细分析结果

在数据管理器中的"鼠标"—"分析方案-简单流动"目录下双击"分析结果"命令,进入分析结果窗口。在"流动"菜单中,选择相应命令可以查看各种结果,如图 6.23~图 6.27 所示。

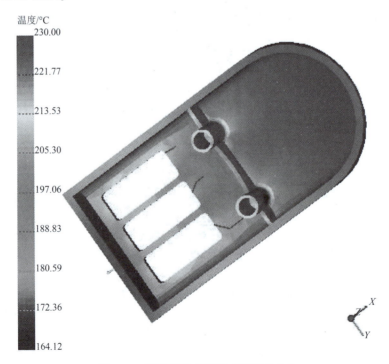

图 6.23 塑料熔体在型腔中的温度分布

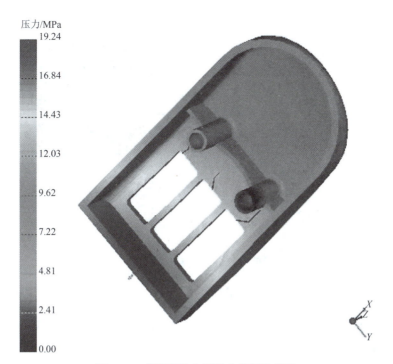

图 6.24 塑料熔体在型腔内的压力分布

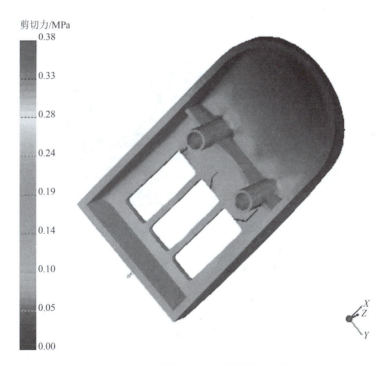

图 6.25 塑料熔体在型腔内的剪切力分布

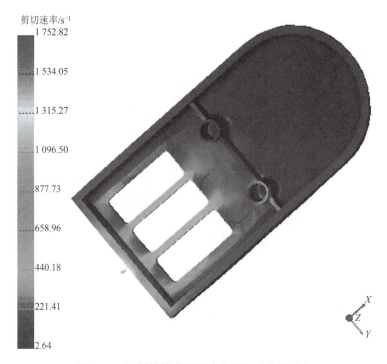

图 6.26　塑料熔体在型腔内的剪切速率的分布

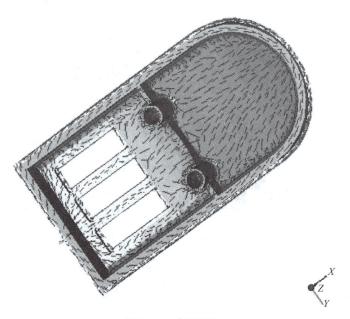

图 6.27　表面定向

参 考 文 献

[1] 郭志英,阮雪榆,李德群. 注塑制品翘曲变形数值分析模型 [J]. 武汉：中国机械工程,2002（17）：1515-1517.
[2] 钱欣,金杨福. 塑料注射制品缺陷与 CAE 分析 [M]. 北京：化学工业出版社,2010.
[3] 匡唐清,周大路. Moldflow 注塑模流分析从入门到精通 [M]. 北京：化学工业出版社,2019.
[4] 李珺,黄建峰,汪历. Moldflow 模流分析从入门到精通 [M]. 北京：机械工业出版社,2022.
[5] 史勇. Moldflow 模流分析实例教程 [M]. 北京：化学工业出版社,2019.

项目 7　注塑模具科学试模方法

项目引入

试模是确保模具质量，进而确保量产时产品质量和生产效率的关键。传统试模存在试模过程管控难、模具质量保证难、工艺知识传承难等问题，本项目旨在帮助读者在熟悉试模流程与问题的基础上，掌握科学试模流程与方法，并能对模具进行冷却液流动状态测试、模具冷却均匀性测试、有效黏度测试等。

项目目标

（1）了解传统试模过程与问题。
（2）了解科学试模流程与方法。
（3）熟悉冷却液流动状态、模具冷却均匀性、有效黏度等模具测试。

任务 1　传统试模介绍

【任务描述】

熟悉传统试模流程及存在的问题。

【知识链接】

试模是指模具加工、装配完毕之后，批量生产之前通过实际注塑得到注塑产品，然后通过产品检测来确定模具制作是否完全符合设计要求的过程。试模是保证模具质量，进而确保量产时产品质量和生产效率的关键。常见的试模流程如图 7.1 所示。如果试模合格则批量生产，否则再次修模、试模，直到产品合格为止。

传统试模主要使用工艺参数的调整来得到相对较好的产品，只要产品没问题，则认为模具合格，可以投入量产，传统试模存在如下问题。

（1）试模过程管控难。传统试模是一个黑匣子过程，试模员根据自己的习惯和喜好来操作，试模过程中经常出现爆模、设备损坏等问题，由于缺乏监控手段，当问题出现之后，无法溯源和解决，从而导致问题重复出现。

（2）模具质量保证难。传统试模主要关注的是产品质量，当产品质量出现问题时，主

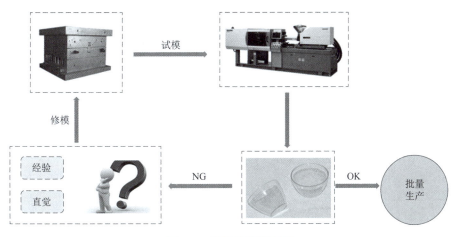

图 7.1 常见的试模流程

要通过工艺参数的调整来得到相对较好的产品,忽视了对模具本身问题的发现与解决,从而导致量产时返模、修模次数多,量产难。

(3) 工艺知识传承难。传统试模过程数据主要以纸质或者 Excel 电子表格等方式记录和保存,而这种纸质、电子文档所保存的知识都是静止、分散和割裂的。对于资深工程师而言,信息查找仍然非常低效;而对于经验不足的员工而言,这些知识则像是被隐藏起来,无法高效重用。

任务2 科学试模介绍

【任务描述】

熟悉科学试模的定义。

【知识链接】

科学试模是在综合考虑材料、设备、模具、工艺等因素的基础上,采用一系列科学化、系统化、自动化的方法,以数据为支撑,发现并解决模具问题,确保量产时产品质量的一致性和稳健性。

一、一致性

一致性是指产品在不同时间、不同条件下的生产过程中,其关键质量特征能够保持相对稳定的状态。也就是说,无论何时何地生产,产品的质量表现应该是相对一致的。一致性包括一模多腔模具不同型腔之间产品质量的一致性,如图 7.2 所示;不同模次的一致性,如图 7.3 所示;不同批次的一致性,如图 7.4 所示。

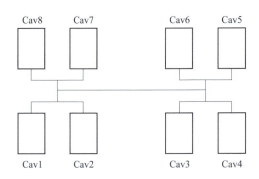

图 7.2　不同型腔

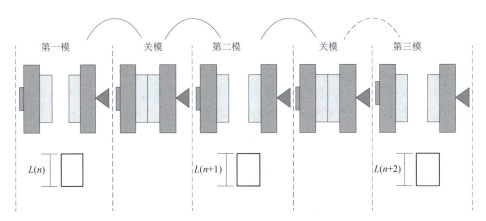

图 7.3　不同模次

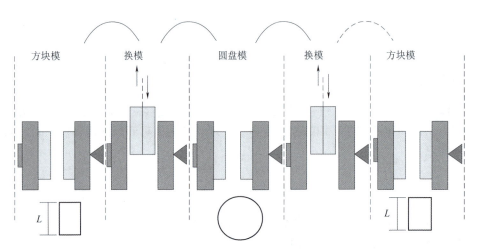

图 7.4　不同批次

二、稳健性

稳健性是指产品在生产过程中的质量波动较小,即产品的质量指标在一定范围内波动,并且这种波动是可控的,如图 7.5~图 7.8 所示。稳健性表示生产过程不容易受到外部因素的影响而产生大幅度的质量波动,这有利于提高生产效率和降低不合格品率。

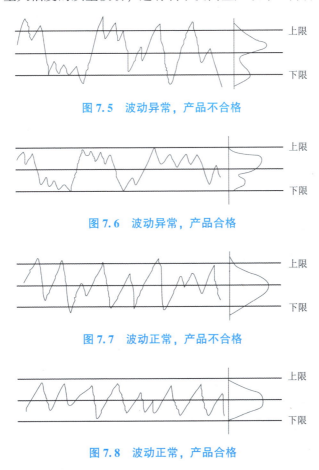

图 7.5 波动异常,产品不合格

图 7.6 波动异常,产品合格

图 7.7 波动正常,产品不合格

图 7.8 波动正常,产品合格

任务 3　科学试模流程与方法

【任务描述】

熟悉传统试模流程与方法。

【知识链接】

常见的测试流程包括试模前准备、科学试模、试模后处理,如图 7.9 所示。

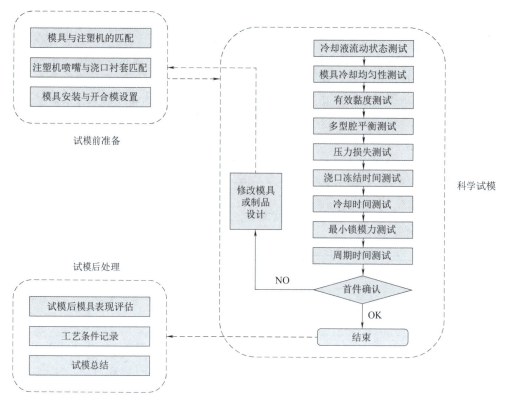

图 7.9 常见的测试流程

一、试模前准备

试模前需要作些准备工作,主要包括材料确认、材料干燥,模具结构信息确认及模具安装与开、合模的设置等。

(1) 确认材料信息。

确认材料的种类、配色、添加剂、干燥等信息,并按照要求进行配色和干燥。

(2) 确认机器信息。

确认注塑机的牌号、位置等信息。

(3) 模具表现评估。

1) 确认模具结构信息:确认模具尺寸、开模行程、熔胶量、定位环规格等是否与注塑机规格相匹配。确认模具特殊注意事项(例如,是否可以进行短射试验,是否有易碎零件)等。

2) 确认模具动作和功能:确认开合模动作是否顺畅无异响;确认顶出/复位是否无异响等。

3) 确认模具制作工艺:确认模具运水是否通畅不漏水;确认浇口是否光滑不拖胶粉等。

4) 确认设备接驳和操作性能:确认喉咀接驳是否方便无障碍;确认电源接驳是否安全无障碍等。

(4)注塑机喷嘴与浇口衬套匹配。

模具安装是将模具安装在机台上,确保模具浇口衬套与注塑机喷嘴对齐、无偏心。其中浇口衬套和注塑机喷嘴匹配如图7.10所示,需符合以下原则:喷嘴球径SR_0小于浇口衬套球径SR,喷嘴孔径d_0小于浇口衬套直径d。否则,会出现主流道水口无法脱落,如图7.11所示。

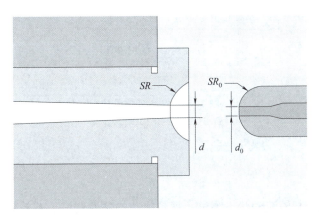

图 7.10 浇口衬套与喷嘴匹配

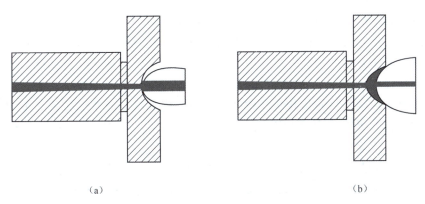

(a) (b)

图 7.11 主流道无法脱落

(a) 喷嘴孔径大于浇口衬套孔径;(b) 喷嘴球径大于浇口衬套球径

(5)模具开合模设置。

针对不同的模具,由于模具结构、动作的差异,开、合模设置时略有差异,因此,在保证产品质量的前提下,尽量提高开合模效率,总体遵循以下原则:①开模时,先慢速,防止产品被拉坏,再快速,降低开模时间,最后慢速,保证模具平稳停止,减少震动,如图7.12(a)所示;②合模时,采用分段合模,先慢速,保证动模板平稳启动,再快速,降低合模周期,再慢速,保证机器平稳停止,最后再高压锁模,如图7.12(b)所示。

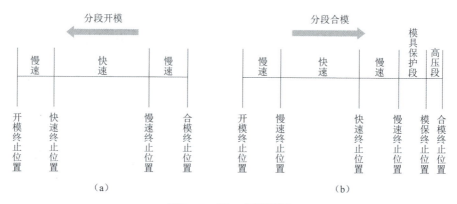

图 7.12 开、合模设置

(a) 分段合模；(b) 分段开模

二、科学试模

科学试模包括冷却液流动状态测试、模具冷却均匀性测试、有效黏度测试、多型腔平衡测试、压力损失测试、保压压力测试、浇口冻结时间测试、冷却时间测试、锁模力测试、周期时间测试。

（一）冷却液流动状态测试

冷却液流动状态测试是指对模具冷却系统中冷却液的流动状态进行检测和评估的一种测试方法，其主要目的是确保冷却液能够有效地流动到模具的各个部位，实现均匀和高效的冷却，以提高产品质量和生产效率。在注塑成型等生产过程中，模具冷却水流动状态的好坏直接影响产品质量和生产效率。通过对模具冷却液在冷却系统中的流动状态进行观察和分析，可以确定冷却系统中的可能存在的瓶颈和问题，并提出相应的改进方案。

模具通过冷却液来冷却，常见的冷却介质有水、油等。冷却液的流动状况分为层流的紊流，如图 7.13 所示。图 7.13（a）为层流时，流体分层流动，互不混合，冷却效果差；图 7.13（b）为紊流时，流体之间相互混参，运动无序。相比层流，紊流具有更好的冷却效率。而冷却液流动状况测试就是利用模具冷却回路通道直径、冷却液温度、冷却液体积流量等信息来计算冷却液在冷却通道中的雷诺数 Re，并通过雷诺数 Re 来判断冷却液在冷却通道中流动状态的过程。

图 7.13 冷却液流动状态

(a) 层流；(b) 紊流

雷诺数计算公式为

$$Re = \frac{4Q}{T\nu D}$$

式中，Re 为雷诺数，D 为冷却回路通道直径，T 为冷却回路冷却液温度，Q 为各冷却回路冷却液体积流量，ν 为与冷却液温度 T 对应的运动黏度。

（二）模具冷却均匀性测试

在实际试模过程中，模具各点温度差异过大会导致产品翘曲，如图 7.14 所示。当模具上表面温度高于下表面时，会导致上表面收缩大于下表面，产品中间下凹。当模具上表面温度低于下表面时，下表面收缩大于上表面，产品中间上凸。模具冷却均匀性测试就是通过测试模具型芯和型腔不同位置的温度，计算最大、最小温度差，判断模具温度均匀性，从而减少产品翘曲。

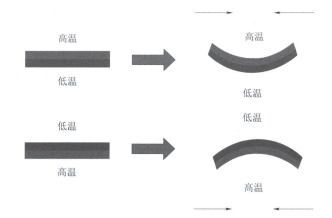

图 7.14 温度对产品翘曲的影响

模具冷却均匀性测试的原理是基于热传导和温度变化的检测。在注塑加工过程中，塑料材料由高温液态转变为低温固态，需要通过模具表面的冷却系统将热量散发出去。

（三）有效黏度测试

有效黏度测试的目的是通过测试塑料黏度随注射速度的变化规律，从而找出保证产品稳定生产时较优的注射速度，其原理如图 7.15 所示。当注射速度很低时，材料剪切速率小，黏度随剪切速率波动大，此时黏度对成型过程高敏感，在成型过程中，当材料、设备等因素出现波动时，产品质量会出现较大波动。当注射速度快，剪切速率高时，黏度随剪切速率波动小，此时黏度对成型过程低敏感，成型过程中产品质量稳定。

有效黏度测试的原理是通过测量模具内塑料的流速和同时施加的压力计算出塑料在流道中的有效黏度。通常在测试过程中会使用一个标准化的测试模具，并选择特定的温度和流速条件。

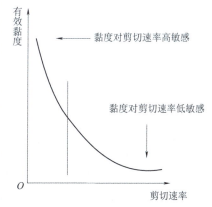

图 7.15 塑料黏度随剪切速率变化规律

(四) 多型腔平衡测试

假设有一套如图 7.16 所示的一模 8 腔模具，熔体流过主流道时形成了剪切层。

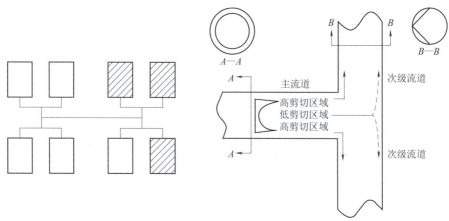

图 7.16　8 腔模具剪切层的分布

假如不计冻结层（在冷流道模具中），聚合物熔体可明确地分为两层：表层高剪切层和内层低剪切层。在图中，阴影区域表示高剪切层。$A—A$ 为主流道的横截面，呈现两个同心层。由于流入模具内的熔体是层流，因此不同层之间剪切、温度和黏度的变化都会被带入次级流道中。位于中心的低剪切层会冲击次级流道的远侧壁，而原主流道外侧的高剪切层分叉后则沿着次级流道的近侧壁继续流动。截面图 $B—B$ 说明了分支次级流道中高剪切和低剪切材料的分布状况。

熔体继续以层流形式通过次级流道和第三级流道，然后进入型腔。结果，靠近中心的型腔（离主流道近的型腔）首先填满，因为这部分熔体在前几级流道中受到的剪切最强，所以温度最高且黏度最低，如图 7.17 所示。

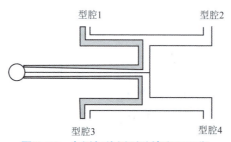

图 7.17　内侧与外侧型腔填充不平衡

上述型腔之间的不平衡现象称为流变不平衡，即流道虽然在几何上是平衡的，但在流变学上却是不平衡的。当主流道到每个型腔浇口处的距离相等时，浇注系统被称作达到了几何平衡，而这种几何平衡的流道普遍被认为是一种"自然平衡"的流道。

对于一模多腔模具，容易出现各型腔之间充填不平衡的现象，可能原因如下。

（1）型腔几何布置不平衡，如图 7.18 所示。

（2）流入各型腔的流道、浇口尺寸不均匀，流道和浇口是塑料熔体充填型腔的通道，如果流道和浇口尺寸不同，导致充填不平衡。

（3）各型腔排气不均匀，排气慢的会阻碍充填，从而导致充填不平衡。

（4）各型腔冷却不均匀，进而引起型腔壁温度不均匀，温度高的更易充填，导致充填不平衡。

（5）流变不均匀，对于几何平衡的多型腔模具，由于剪切发热作用，导致充填不平衡。

多型腔平衡测试就是为了测试一模多腔模具各型腔的充填均衡性，确保各型腔均匀充填。

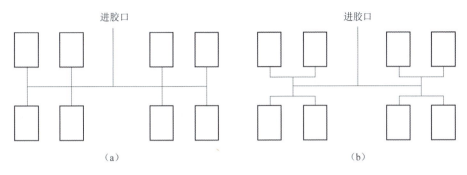

图 7.18　型腔分布

（a）几何不平衡；（b）几何平衡

（五）压力损失测试

当塑料熔体流经喷嘴、流道、浇口及模具不同部位时，由于阻力和摩擦效应，塑料熔体流动前沿的压力会有所损失。由于注塑机所能够提供的压力有限，如果所需的注射压力高于注塑机所能提供的最大压力，螺杆就无法在整个注射阶段保持设定的注射速度，即存在压力受限。压力损失测试是为了了解塑料熔体流动路径喷嘴、流道、浇口、模具不同部位的压力损失，如图 7.19 所示，从而确定总体压力损失和产生压力损失较大的区域。

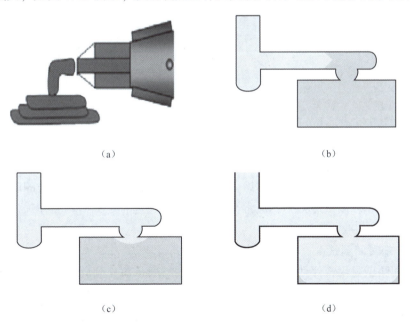

图 7.19　塑料熔体流经不同部位

（a）喷嘴；（b）流道；（c）浇口；（d）产品

压力损失测试的原理是在模具中安装一组测量压力的传感器,然后通过将热熔塑料注入模腔,记录不同位置处的压力变化,进而计算出模具中流道和留置区域的压力损失情况。

(六) 保压压力测试

塑料熔体在模具中冷却、固化时会产生收缩。保压压力的作用是当熔融塑料冷却、固化收缩时,继续注入熔料来填补收缩的空间,减少或避免凹痕的产生。当保压压力过小时,产品会产生缩水、缩孔等缺陷;当保压压力过大时,产品会生产飞边、翘曲、脱模困难等缺陷。保压压力测试就是通过观察产品外观、尺寸等质量随保压压力的变化情况,获得产品合格时的保压压力范围。

保压压力测试的原理是在模具封闭后,通过一个保压装置施加一定的压力,使热熔塑料在模腔中保持一定的压力和温度,直到塑料完全冷却固化。在此过程中,可以通过安装在模具内部的传感器来监测保压装置施加的压力,并记录其变化情况。

(七) 浇口冻结时间测试

塑料熔体通过浇口进入模具型腔。浇口是型腔中截面积最小的部位,当塑料熔体因为黏度下降无法进入模具型腔时,浇口就冻结了,完成该阶段所需要的时间为浇口冻结时间。在注塑成型过程中,压力作用于熔体,直到浇口冻结为止。如果压力作用的时间不够长,结果要么保压不足,产品上会出现缩孔或缩痕,要么型腔内压力过高,将塑料回推出型腔,同样导致保压不足。浇口冻结时间测试就是通过测试产品质量随保压时间的变化规律,找出产品质量不随保压时间变化的点。典型的浇口冻结时间测试曲线如图 7.20 所示。

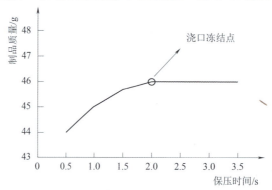

图 7.20 典型的浇口冻结时间测试曲线

浇口冻结时间测试的原理是在热熔塑料进入模具后,通过测量浇口处的温度变化计算出浇口冻结时间。在测试过程中,通常会使用一个标准化的测试模具,并选择特定的温度和流速条件。

(八) 冷却时间测试

冷却时间测试是用于评估塑料注塑模具中塑料材料从填充到凝固完全的时间,以确定最佳的冷却时间和冷却水路设计的一种测试方法。在塑料注塑过程中,冷却时间对产品质量和生产效率有很大的影响。如果冷却时间不足,可能会导致产品缺陷和变形等问题;如果冷却时间过长,则会降低生产效率并增加成本。通过进行模具冷却时间测试,可以确定最佳的冷却时间和冷却水路设计,从而实现高质量和高效率的塑料注塑生产。

冷却时间测试的原理是通过测量从注塑成型结束到塑料零件达到可取出温度所经过的时间来确定模具冷却的时间。在测试过程中，通常会使用一个标准化的测试模具，并选择特定的冷却系统和工艺参数。

（九）锁模力测试

锁模力是指注塑机的合模机构对模具所能施加的最大夹紧力。当锁模力不够时，会导致模具在成型过程中被熔融的塑料顶开，使产品产生飞边等缺陷。当锁模力过大时，会导致模具、注塑机变形甚至损坏。锁模力测试就是通过产品质量随着锁模力变化的规律，从而找出最优锁模力。典型的锁模力测试曲线如图7.21所示。

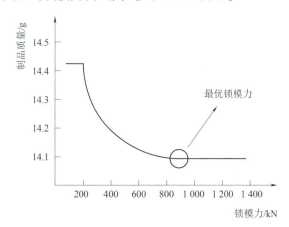

图 7.21　典型的锁模力测试曲线

锁模力测试的原理是通过安装在注塑机上的压力传感器，测量锁模机构施加在模具上的最大锁模力。

计算锁模力的经验公式为

　　所需锁模力=制品投影面积×型腔数+流道投影面积×单位面积所需锁模力

下面将对一些影响注塑机锁模力的因素进行介绍（见图7.22）。

（1）壁厚。较薄的制品需要较大的注射压力来填充型腔，而较厚的制品则需要较大的补缩压力补偿收缩。两个制品虽然投影面积相同，但较厚的制品需要更大的锁模力，因为壁薄的制品需要更多补缩。然而，当薄壁制品的料流距离较长时也需要大的锁模力，如笔记本电脑上盖，这样才能满足制品填充所需的高注射压力。薄壁制品是指厚度为0.5 mm以下的制品，而厚壁制品是指厚度在7~8 mm的制品。正常制品壁厚通常在2~5 mm。

（2）浇口数量。浇口数量越多，模具填充越容易，填满型腔需要的压力也越小。两个投影面积相同的制品，浇口数量越多，需要的锁模力越小。

（3）浇口位置。如果制品采用侧浇口，需要的注塑机锁模力较大。采用中心浇口时，填充长度减半，故对锁模力的要求有所降低。

（4）顺序针阀浇口。使用顺序浇口的模具需要锁模力较小，因为此时锁模力只受未封闭浇口的影响。

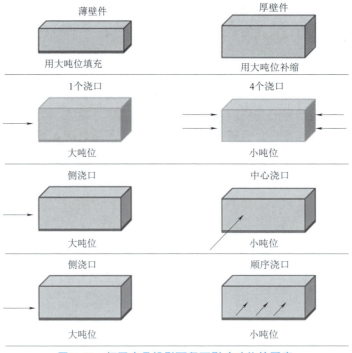

图 7.22　相同产品投影面积下影响吨位的因素

（5）制品在模具中的朝向。如图 7.23 所示，比较同一制品上两个方向不同的注射点。参照上述锁模力计算公式可知，从侧面注射比从正面注射时所需的锁模力低。但这并不代表该制品就一定可以用较低锁模力的注塑机生产，还要考虑塑料流动长度对锁模力产生的影响。

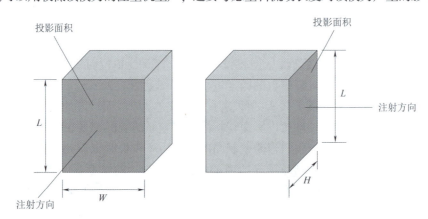

图 7.23　产品在注射方向上的投影面积

（十）周期时间测试

整个注塑成型周期如图 7.24 所示，包括合模、注射、保压、冷却、开模、顶出等阶段。周期时间测试是指通过注塑产品外观和模具状态来确认产品成型需要的最短周期时间，其目的是用科学的方法分配开合模、顶出前进后退及次数、取产品时间、射台时间等各工序的时间，最终达到目标周期。找到限制周期的"瓶颈"，以便分析原因，积累经验，不停改进。

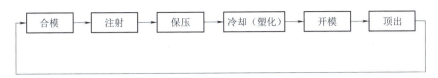

图 7.24 注塑成型周期

周期时间测试的原理是通过测量一次完整的注塑周期所经过的时间来确定模具的周期时间。在测试过程中，通常会使用一个标准化的测试模具，并选择特定的注塑条件和工艺参数。

三、试模后处理

模具完成测试后需要对试模后模具表现进行评估、工艺条件记录，以及试模总结。试模后处理是一个非常重要的步骤，其可以帮助我们总结和评估试模过程中的结果，并采取相应的措施改进产品质量和生产效率。

（1）试模后模具表现评估。试模完成后，需要再次对锁模力是否符合要求、注塑周期是否符合要求、注塑工艺窗口是否符合要求、注塑机机台是否符合要求、产品是否符合要求、模具表面外观是否符合要求等进行评估，并对评估结果进行记录。

（2）工艺条件记录。试模完成后，需要对试模各工艺条件进行记录，以方便在下次试模或者量产时进行工艺参数设置，工艺条件包括以下内容。

1）模具编号、胶料类别、干燥方法、干燥时间、干燥温度等基本信息。
2）料筒各段温度信息。
3）热流道各段温度信息。
4）模具运水方式及各点实测温度信息。
5）各段注射压力、注射速度、保压压力、保压时间等设定的工艺参数信息。
6）实际注射时间、实际计量时间、射胶峰压等监控信息。
7）模具长、模具宽、模具厚、顶出次数和顶出行程等模具参数信息。

（3）试模总结。试模总结主要包括模具问题点描述以及模具评判，产品问题点描述及评判，针对模具和产品问题的改善措施以及模具结果确认。

任务工单

任务名称		组别	组员：

一、任务描述
1. 根据学习的注塑模具科学试模方法，制订不同产品的试模计划，包括试模时间安排、原料选择、模具参数设置等内容。
2. 根据试模计划，进行具体的试模操作，包括模具安装、注塑机设定、注塑成型、注塑工艺参数优化等步骤。
3. 在试模过程中，及时记录各项关键数据，如模具温度、压力曲线、射料速度、冷却时间等，以便后续分析和优化。
4. 根据试模数据，分析试模效果，评估产品质量、生产效率等指标，发现问题并提出改进意见

续表

二、实施（完成工作任务）			
工作步骤	主要工作内容	完成情况	问题记录

三、检查（问题信息反馈）		
反馈信息描述	产生问题的原因	解决问题的方法

四、评估（基于任务完成的评价）

1. 小组讨论，自我评述任务完成情况、出现的问题及解决方法，小组共同给出改进方案和建议。
2. 小组准备汇报材料，每组选派一人进行汇报。
3. 教师对各组完成情况进行评价。
4. 整理相关资料，完成评价表

指导教师评语：

任务完成人签字：　　　　　　　　　　　　　　日期：　　年　　月　　日
指导教师签字：　　　　　　　　　　　　　　　日期：　　年　　月　　日

参 考 文 献

[1] 加里·席勒. 科学注塑实战指南［M］. 王道远，赵唐静，王晓东，译. 北京：化学工业出版社，2020.
[2] 苏哈斯·库尔卡尼. 科学注塑：稳健成型工艺开发的理论与实践［M］. 2版. 王道远，高煌，赵唐静，等译. 北京：化学工业出版社，2022.
[3] 张甲琛. 注塑制品质量及成本控制技术［M］. 北京：化学工业出版社，2010.
[4] 梁明昌. 注塑成型工艺技术与生产管理［M］. 北京：化学工业出版社，2014.

项目 8　实验设计方法

项目引入

好的实验设计能够以较少的实验次数、较短的实验周期、较低的实验成本，快速地得到正确的结论和较好的实验结果。本项目旨在使读者熟悉实验设计方法的基本概念和流程，并能将实验设计方法应用于解决实际问题。

项目目标

(1) 理解实验设计的含义。
(2) 理解为什么要进行实验设计。
(3) 熟悉实验设计中指标、因素、水平的定义。
(4) 熟悉实验设计中误差控制三原则。
(5) 熟悉实验设计中平均值、方差、自由度、偏差等定义与计算。
(6) 利用正交实验设计方法解决实际问题。

任务 1　实验设计简介及发展

【任务描述】

熟悉实验设计的基础理论、实验设计的目的及实验设计的发展历程。

【知识链接】

一、实验设计的含义

实验设计又称试验设计，是研究有关实验的设计理论与方法。其是以概率论、数理统计和线性代数等为理论基础，科学地安排实验方案，正确地分析实验结果，尽快获得优化方案的一种数学方法。实验设计的目的是获得实验条件与实验结果之间规律性的认识。只有把实验设计的理论、专业技术知识和实际经验三者紧密结合，才能取得良好的效果。

二、实验设计的目的

在研究、生产和管理实践中,为了开发新产品,提高产品的产量和质量,都需要做各种实验。凡是实验就存在如何安排实验,如何分析实验结果的问题。如果实验设计正确,那么就能够以较少的实验次数、较短的实验周期、较低的实验费用,迅速地得到正确的结论和较好的实验结果。反之,实验方案设计不正确、实验结果分析不当,就会增加实验次数、延长实验周期,造成人力、物力和时间的浪费,不仅难以达到预期的效果,甚至会造成实验的全盘失败。因此,如何科学地进行实验设计是一个非常重要的问题。

实验可以用来研究系统的性能。系统可以用图 8.1 所示的模型来表示。系统可视为机器、方法、人及其他资源的一种组合,把某种输入转变为一个或者多个可观测的响应变量的输出。x_1、x_2、$\cdots$、x_m 为可控因素,z_1、z_2、$\cdots$、z_n 为不可控因素。试验的目的如下。

(1) 确定哪些输入对输出的影响最大。
(2) 确定 x 如何设置可使 y 几乎接近期望值。
(3) 确定 x 如何设置可使 y 的变异性较小。
(4) 确定 x 如何设置可使不可控因素 z_1、z_2、$\cdots$、z_n 的效应最小。

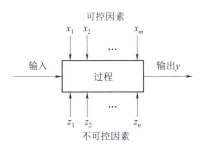

图 8.1 系统的一般模型

三、实验设计的发展过程

实验设计的发展可以分为以下三个阶段。

(1) 20 世纪 20—50 年代,即费歇尔创立的早期、传统的实验设计方法阶段。

实验设计的基本思想和方法来源于英国统计学家、工程师费歇尔(Ronald A. Fisher,1890—1962)。20 世纪 20 年代费歇尔在英国伦敦郊区农场的罗萨姆斯斯台特农业实验站任职期间,采用实验设计方法对高产小麦品种遗传进行研究。他指出,由于环境条件难以严格控制,实验数据受到偶然因素的影响下,必须承认误差的存在。实验设计的基本思想是减少偶然性因素的影响,使实验数据有一个合适的数学模型,一改传统的逐一因素依次实验的方法,对不同因素的每一水平组合进行实验,最后用方差分析对数据进行统计分析来评价指标的优劣。

1923 年费歇尔同 W. A 梅克齐合作共同发表了《实验设计应用实例》。1925 年,费歇尔在《研究工作中的统计方法》一书中称这种方法为实验设计。后来,费歇尔尽力从事于实验设计的研究工作,在总结实验设计的思想和方法的基础上,于 1935 年出版了《实验设计法》，从此开创了一门新的应用数学的学科领域。因此，费歇尔被誉为实验设计的奠基者和创始人。

（2）20世纪50—70年代，正交表的开发、正交实验设计和回归实验设计广泛应用阶段。

20世纪50年代初，日本电讯研究所以田口玄一为首的一批研究人员在研究电话通信设备系统质量时发现，自费歇尔以来创造的实验设计方法，不论是全因素实验法，还是随机区组法、拉丁方格法等在工业生产中应用均受到限制。他们在实践中努力研究和改进英国人创立的实验设计技术，开发了用正交表安排实验、分析实验结果的正交实验优化方法。1952年，田口玄一在日本东海电报公司运用 $L_{27}(3^{13})$ 正交表进行项目的实验设计获得成功。之后，正交实验设计法在日本，继而在国际上迅速推广。

与此同时，从20世纪50年代初，在综合回归分析与实验设计最新研究应用成果的基础上，创立了回归实验设计技术，这也是应用数学的一个新发展。其将实验的方案设计、数据处理与回归方程统一起来进行优化，已成为现代通用的一种实验设计优化技术。回归实验设计主要从正交性、旋转性等优良性出发，利用正交表、正交多项式回归、中心组合设计、单纯形，以及计算机编制实验方案等，直接建立各种线性和非线性回归方程。由于它具有设计表格化、公式规范化、分析程式化等特点，为这项技术的实际应用提供了方便条件。

1957年，田口玄一提出了信噪比（SNR）实验设计法，以解决产品设计中的动态特性和稳定性问题，为实验设计拓宽了新的内容，为工业产品的三次设计即正交优化设计开辟了新的途径。

G. E. 博克斯和J. S. 亨特尔于1959年提出的调优操作（EVOP），是借助于主动实验对系统寻优的方法。因此，也可称为一种实验方法以调优实验设计。从控制论观点来看，它是一种有工艺反馈的控制，具有自动寻求最优生产条件的特点，适用于生产工艺改进过程中筹划、安排实验，寻找每个发展阶段中最优条件，以实现生产作业过程的动态优化。这种方法自20世纪60年代以来，在国内外一些行业里得到较广泛的应用。

（3）20世纪70年代至今，SN比实验设计技术的开发、三次设计的创立、均匀实验设计的开发、回归实验设计深入发展的现代实验设计阶段。

20世纪70年代中期，田口玄一博士提出了工业产品开发设计中运用三次（段）设计的思想和方法，是对传统的实验设计技术方法的完善和重要发展，为企业研究产品质量与成本的最佳配合及其实验设计技术提供了系统方法。该方法灵活运用SNR设计法，充分利用产品或系统中存在的非线性效应，利用专业技术、生产实践提供的信息资料，同正交实验设计技术相结合，取得高质量、低费用的十分显著的技术经济效果。

在此基础上，田口玄一博士从20世纪80年代开始，提出走质量工程学道路，编著《质量工程学》丛书，将质量管理、质量控制及实验设计科学的发展提高到一个新的水平。

我国从20世纪50年代开始，开展对实验设计这门学科的研究，并逐步应用到工农业生产中去。20世纪60年代末，在正交实验设计的观点、理论和方法上都有新的创见，编制了一套较为适用的正交表，简化实验程序和实验结果的分析方法，自20世纪70年代以来大力推广。同时，在正交实验设计理论上也有新的突破。从20世纪80年代开始，我国学者方开泰教授等又创立了均匀实验设计法，在工业生产中取得了初步效果。SNR实验设计和三次设计及各种回归实验设计技术的理论、方法和实际应用，都有了长足的进步。

任务 2　实验设计基础理论

【任务描述】

熟悉实验设计中质量特性值、指标、因素、水平等定义；熟悉实验设计中常见计算用名词的定义与计算公式；熟悉实验设计中的实验误差及误差控制原则。

【知识链接】

一、实验设计名词定义

(一) 特性值

人们把各种事物与现象的性质、状态称为特性，把表现质量的数据称为质量特性值，简称特性值。

1. 特性值的特点

特性值具有以下特点。

(1) 单调性。单调性是指特性值随影响因素变化呈加法性的变化。在实验范围内，特性值具有单调性时被作为考核指标值是合适的，能提高实验设计时统计分析的效率。

(2) 可测量性。对于各种特性值，不论是计量还是计数都能被测量。

(3) 能够反映实验设计的目的。即使用代用特性值代替，这个代用特性值也能确切地反映其被所代替项目的特性。

2. 特性值的分类

在实验设计中，特性值可从不同角度分类。

(1) 按特性值的性质分为三类：计量特性值、计数特性值和 0、1 数据。

用连续变量表示的特性值称为计量特性值，如重量、尺寸、产量、成本、寿命、硬度等；用离散变量表示的特性值称为计数特性值，可细分为计点特性值和计件特性值，如废品件数、疵点数等；只能用"1""0"表示"合格""不合格"或"正品""次品"等的特殊分等数据，称为 0、1 数据，例如，100 件产品中，有 2 件不合格，98 件合格，把合格的以"0"表示，不合格的以"1"表示（亦可相反），则 2 个"1"表示 2 个不合格，98 个"0"表示 98 个合格，使计算大大简化。

(2) 按特性值趋势分为望目特性值、望大特性值和望小特性值。

(3) 按特性值的状态分为静态特性值和动态特性值。

(二) 指标

在实验中需要考察的效果特性值简称为指标。指标与实验目的是相对应的。如果实验目的是提高产量，则产量就是实验要考察的指标；如果实验目的是降低成本，则成本就成了实验要考察的指标。总之，实验目的多种多样，而对应的指标也各不相同。指标一般分为定量指标和定性指标，定量指标指能用数量表示的指标，如重量、尺寸、速度、硬度、结晶度、吸光度、温度、流速等。定性指标指不能用数量表示的指标，如外观、色泽、气味等。正交实验需要通过量化指标以提高可比性,定性指标通过评分定级等方法也可转化为定量指标。

(三) 因素

因素也称因子,是实验中考察对实验指标可能有影响的原因或要素,它是实验当中重点要考察的内容,通常用大写字母 A、B、C 等来表示。一个字母表示一个因素,因素又分为可控因素和不可控因素。可控因素指在现有科学技术条件下,能人为控制调节的因素;不可控因素指在现有科学技术条件下,暂时还无法控制和调节的因素。正交实验中,首先要选择可控因素列入实验当中,而对不可控因素,要尽量保持一致,即在每个方案中,对于可能影响实验指标的不可控因素,尽量要保持相同状态。这样,在进行实验结果数据的处理过程中就可以忽略不可控因素对实验造成的影响。

(四) 水平

实验设计中选定的因素处的状态和条件的变化,可能引起实验指标的变化,将各因素变化的状态和条件称为水平或位级。在选取水平时,应注意以下几点。

(1) 水平宜选取三水平。这是因为三水平的因素实验结果分析的效应图分布多数呈二次函数曲线,而二次曲线有利于观察实验结果的趋势。

(2) 水平取等间隔的原则。水平的间隔宽度由技术水平、技术知识范围决定。水平的等间隔一般是取算术等间隔值,在某些场合下也可取对数等间隔值。由于各种客观条件的限制和技术上的原因,在取等间隔区间时可能有差值,但可以把这个差值尽可能地取小些,一般不超过20%的间隔值。

(3) 所选取的水平是可以直接控制的,并且水平的变化要能直接影响实验指标有不同程度的变化。例如,焊接工艺中普遍应用的气焊(氧-乙炔焊)是连接钢板形成永久性接头的一种重要方法,其是将氧气和乙炔气在焊枪内混合后从喷嘴喷出,经点燃形成火焰加热钢板。若把火焰长度或火焰温度选作水平,测量就成问题;若以氧气管道和乙炔管道输出的气体流量来确定水平,分别可以用两管道的开关进行控制是可以实现的,即只要控制两种气体的流量就能找到加热的最佳条件,将开关直接控制的气体流量大小取为水平,这就是一种具体的水平。因素的水平通常用 1、2、3……表示。

二、实验设计中计算用名词

实验设计中常见的计算用名词有和、平均值、偏差、自由度、方差、标准差和极差等。它们各自的定义与计算公式如下。

(1) 和。和是指数据组的总和,常以 T 表示。设 n 个观测值 x_1、x_2、…、x_n,其和

$$T = x_1 + x_2 + \cdots + x_n = \sum_{i=1}^{n} x_i, \quad i = 1, 2, \cdots, n$$

(2) 平均值。平均值是表示数据的平均水平的定量指标,常以 $\bar{x}$ 表示。计算公式为和 T 除以数据的个数 n,即

$$\bar{x} = \frac{T}{n} = \frac{1}{n}\sum_{i=1}^{n} x_i, \quad i = 1, 2, \cdots, n$$

(3) 偏差。偏差分为与目标值之间的偏差和与平均值之间的偏差。

①与目标值之间的偏差。

常见的目标值有标准文规定的标准值、用户提出的期望值、按理论公式计算出来的理论值、按经验公式算出来的经验值等。假设 n 个观测值 x_1、x_2、$\cdots$、x_n，存在目标值 x_t，则把 x_1-x_t、x_2-x_t、$\cdots$、x_n-x_t 称为与目标值之间的偏差。

②与平均值 $\bar{x}$ 之间的偏差。

假设 n 个观测值 x_1、x_2、$\cdots$、x_n，存在目标值 x_t，则把 $x_1-\bar{x}$、$x_2-\bar{x}$、$\cdots$、$x_n-\bar{x}$ 称为与平均值之间的偏差。显然，与平均值 $\bar{x}$ 之间的偏差总和为零。

（4）自由度。自由度是在偏差平方和中独立平方的数据个数，常以 f 表示。若存在目标值 x_t，则自由度的个数就是数据的个数，即 $f=n$；若不存在目标值，则自由度 $f=n-1$。

（5）方差。方差是衡量随机变量或一组数据时离散程度的度量，常以 s 表示。

存在目标值 x_t 时，总的方差 $s = \dfrac{1}{n}\sum\limits_{i=1}^{n}(x_i - x_t)^2 \quad i = 1, 2, \cdots, n$

不存在目标值时，总的方差 $s = \dfrac{1}{n-1}\sum\limits_{i=1}^{n}(x_i - \bar{x})^2 \quad i = 1, 2, \cdots, n$

（6）标准差。标准差（Standard Deviation）是统计学中用于描述数据分散程度的参数，它反映了一组数据相对于其平均值的离散程度。标准差是离均差平方的算术平均数的算术平方根，也称为标准偏差或实验标准差。标准差越大，数据越离散；反之，标准差越小，数据越集中。标准差常用符号 σ 表示。

存在目标值 x_t 时，总的标准差 $\sigma = \sqrt{\dfrac{1}{n}\sum\limits_{i=1}^{n}(x_1 - x_t)^2} \quad i = 1, 2, \cdots, n$

不存在目标值时，总的标准差 $\sigma = \sqrt{\dfrac{1}{n-1}\sum\limits_{i=1}^{n}(x_1 - \bar{x})^2} \quad i = 1, 2, \cdots, n$

（7）极差 R。极差又称范围误差或全距，用 R 表示，是用来表示统计资料中的变异量数。它是标志值变动的最大范围，是测定标志变动最简单的指标。极差是一组数据中最大值与最小值之间的差值，其计算公式为

$$R = x_{\max} - x_{\min}$$

三、实验设计误差控制

（一）实验误差

在实验过程中，由于环境的影响，实验方法和所用设备、仪器的不完善及实验人员的认识能力所限等原因，使实验测得的数值和真值之间存在一定的差异，在数值上表现为误差。随着科学技术的进步和人们认识水平的不断提高，虽然可以将实验误差控制得越来越小，但始终不可能完全消除，即误差的存在具有必然性和普遍性。在实验设计中应尽力控制误差，使其减小到最低程度，以提高实验结果的精确性。

误差按其特点与性质可分为以下三种。

（1）系统误差。在同一实验条件下多次测量同一量值时，绝对值和符号保持不变，或在条件改变时，按一定规律变化的误差称为系统误差。例如，由标准值的不准确、仪器刻度的不准确而引起的误差都是系统误差。系统误差是由按确定规律变化的因素所造成的，这些误差因素是可以掌握的。具体来说，有以下四个方面的因素。

1）测量人员：由于测量者的个人特点，在刻度上估计读数时，习惯偏于某一方向；动态测量时，记录某一信号，有滞后的倾向。

2）测量仪器装置：仪器装置结构设计原理存在缺陷，仪器零件制造和安装不正确，仪器附件制造有偏差。

3）测量方法：采取近似的测量方法或近似的计算公式等引起的误差。

4）测量环境：测量时的实际温度对标准温度的偏差，测量过程中由于温度、湿度等因素按一定规律变化的误差。

（2）偶然误差。在同一条件下，多次测量同一量值时，绝对值和符号以不可预定方式变化着的误差，称为偶然误差。例如，仪器仪表中传动部件的间隙和摩擦，连接件的变形等引起的示值不稳定等都是偶然误差。这些误差的出现没有确定的规律性，但就误差总体而言，却具有统计规律性，误差的分布主要有正态分布、均匀分布、x^a 分布、t 分布、F 分布等。偶然误差由很多暂时未被掌握的因素构成，主要有以下三个方面。

1）测量人员：瞄准、读数的不稳定等。

2）测量仪器装置：零部件、元器件配合的不稳定，零部件的变形、零部件表面油膜不均、摩擦等。

3）测量环境：测量温度的微小波动，湿度、气压的微量变化，光照强度变化，灰尘、电磁场变化等。

（3）粗大误差。明显歪曲测量结果的误差称为粗大误差。例如，测量者在测量时对错了标志、读错了数、记错了数等。一旦发现含有粗大误差的测量值，应将其在测量结果中剔除。发生粗大误差的原因主要有以下两个方面。

1）测量人员的主观原因：由于测量者责任心不强，工作过于疲劳、缺乏经验、操作不当，或在测量时不仔细、不耐心、马虎等，造成读错、听错、记错等。

2）客观条件变化的原因：测量条件意外的改变（如外界振动等），引起仪器示值或被测对象位置的改变而造成的粗大误差。

误差按产生的条件分为条件误差和观测误差两种。

（1）条件误差。条件误差是来自实验对象的误差，可分为内部条件误差和外部条件误差。内部条件误差指由实验对象本身内部的差异造成的误差。例如，钢锭头尾和中间部位内部组织的纯洁性和致密性不同的，将其轧成钢材，重复取样实验时，由于取样位置的不同而造成的内部条件误差。外部条件误差是指实验对象受外界条件影响而造成的误差。例如，在实验同一炉热处理试样的组织结构时，由于热处理炉内外温度有差异，试样放在炉内的实验与试样放在炉外的实验，其组织结构不一样，而造成外部条件误差。

（2）观测误差。观测误差是来自观测工具、仪器、仪表的误差，由观测者主观片面和观测工具的条件限制造成。

观测者主观片面的误差在工业产品测量中经常发生，一般造成系统误差；观测工具条件限制的误差与实验对象发生误差的性质一样，也可分为内部条件误差和外部条件误差，观测工具的观测误差既可能表现为系统误差，也可能表现为偶然误差。

显然，实验对象和观测工具表现的系统误差是通过因素的效应反映出来，而偶然误差则是通过误差项表现出来。因此，在实验对象或观测工具存在系统误差时，分离这种误差的最好办法是将其看成一种新的因素，在实验设计中予以安排。

(二) 误差控制三原则

1. 重复原则

重复是指对某一观测值在相同的条件下多做几次实验。若每种实验条件只进行一次，称为一次重复实验；把每种实验条件进行多次的实验称为多次重复实验。一般来说，有些实验只做一次就下的结论往往是片面的。采用多次重复实验的目的在于减少误差、提高精度。实验设计中，实验误差是客观存在和不可避免的。实验设计任务之一就是尽量减少误差和正确估计误差。若只做一次实验，就很难从实验结果中估计出实验误差，只有设计几次重复，才能利用同样实验条件下取得多个数据的差异，把误差估计出来。同一条件下实验重复次数越多，则实验的精度越高。因此，在条件允许时，应尽量多做几次重复实验。但也并非重复实验次数越多越好，因为无指导地盲目进行多次重复实验，不仅无助于实验误差的减少，而且会造成人力、物力、财力和时间的浪费。

2. 随机化原则

在实验中，若人为地有次序地安排实验会产生系统误差，从而混淆了因素对效应作用有无的判断。一旦有系统误差的混入，就不能通过任何数据处理的方法来消除，有时使实验得不出正确的结论而归于失败。为了消除系统误差，在安排实验时，对各种排列采用随机化的方法是有效的。随机化是在实验中，对实验实施的顺序和因素水平排列的顺序按照随机性原则来安排。这一原则的执行，可以正确地估计实验误差，减少误差，提高实验的可靠性和再现性。随机原则的实施，一般可借助于随机数表来安排实验。

3. 局部控制原则

局部控制又称区组控制或分层控制。这一原则是为了消除实验过程中的系统误差对实验结果的影响而遵守的一条规律。局部控制原则是将实验对象按照某种分类标准或某种水平加以分组或分层。在同一组内的实验尽量保持接受同样的影响，以期尽量减少组内的差异，但使组与组之间的差异大些。在实验设计中，这种划分的组或层称为区组。由于同一区组内实验条件比较相似，因此，数据波动小，而实验精度却较高，误差必然减小。这种把比较的水平设置在差异较小的区组内，以减少实验误差的原则，称为局部控制原则。划分区组进行控制误差是实施局部控制原则的有效方法。一般可以按机器设备、班次、原料、操作人员、时间、工艺方法和各种环境条件来划分区组。

任务 3 正 交 表

【任务描述】

熟悉完全有序元素对的定义。熟悉正交表的表示、特性，熟悉二水平正交表的构造方法。

【知识链接】

一、完全有序元素对

设有两组元素 $(a_1, a_2, \cdots, a_\alpha)$ 与 $(b_1, b_2, \cdots, b_\beta)$，将有 $\alpha\beta$ 个元素对

$$(a_1,b_1),\quad (a_1,b_2),\quad \cdots,\quad (a_1,b_\beta)$$
$$(a_2,b_1),\quad (a_2,b_2),\quad \cdots,\quad (a_2,b_\beta)$$
$$\vdots \qquad \vdots \qquad \vdots \qquad \vdots$$
$$(a_\alpha,b_1)\quad (a_\alpha,b_2)\quad \cdots,\quad (a_\alpha,b_\beta)$$

称为由元素 a_1，a_2，$\cdots$，a_α 与 b_1，b_2，$\cdots$，b_β 构成的完全有序元素对，简称完全对，若把元素换成数字，则构成完全有序数字对。

例如，由数字1、2、3与1、2、3构成的完全有序对为

$$(1,1),\quad (1,2),\quad (1,3)$$
$$(2,1),\quad (2,2),\quad (2,3)$$
$$(3,1),\quad (3,2),\quad (3,3)$$

若一个矩阵的任意两列中，同行元素对（或数字对）是一个完全对，而且每对出现的次数相等时，则称这两列是均衡搭配，否则称为不均衡搭配。

例如，矩阵 A 有

$$A = \begin{bmatrix} 1 & 1 & 1 \\ 1 & 1 & 2 \\ 1 & 2 & 1 \\ 1 & 2 & 2 \\ 2 & 1 & 2 \\ 2 & 1 & 2 \\ 2 & 2 & 2 \\ 2 & 2 & 2 \end{bmatrix}$$

显然，第1列和第2列为均衡搭配，第3列与第1列、第3列与第2列为不均衡搭配。

二、正交表的表示

正交表是运用组合数学理论在正交拉丁名的基础上构造的一种规格化的表格。正交表符号表示为

$$L_n(j^i)$$

式中，L 为正交表的符号，是 Latin Square（拉丁方）的第1个字母；n 为正交表的行数，表示实验方案数；j 为正交表中的数码，表示因素的水平数；i 为正交表的列数，表示因素的个数。

三、正交表的特性

正交表有以下两个基本性质。

（1）整齐可比性：正交表中任意两列，把同行的两个数字看成有序数对时，所有可能的数对出现的次数相同。

（2）均衡分散性：任意两列构成的水平对是一个完全有序数字对，每个水平对重复出现的次数相等。

根据正交表的两个性质，可得出正交表的以下三种初等变换。

(1) 列间置换：正交表任意两列之间可以相互交换。
(2) 行间置换：正交表任意两行之间可以相互交换。
(3) 水平置换：正交表任意一列的各水平数字可以相互交换。
经过三种置换的正交表称为原正交表的等价表。

四、常见的正交表

(1) 3因素2水平正交表 $L_4(2^3)$，如表8.1所示。

表8.1 3因素2水平正交表

因子 实验号	A	B	C
1	1	1	1
2	1	2	2
3	2	1	2
4	2	2	1

(2) 7因素2水平正交实验表 $L_8(2^7)$，如表8.2所示。

表8.2 7因素2水平正交实验表

因子 实验号	A	B	C	D	E	F	G
1	1	1	1	1	1	1	1
2	1	1	1	2	2	2	2
3	1	2	2	1	1	2	2
4	1	2	2	2	2	1	1
5	2	1	2	1	2	1	2
6	2	1	2	2	1	2	1
7	2	2	1	1	2	2	1
8	2	2	1	2	1	1	2

(3) 4因素3水平正交表 $L_9(3^4)$，如表8.3所示。

表8.3 4因素3水平正交表

因子 实验号	A	B	C	D
1	1	1	1	1
2	1	2	2	2

续表

因子 实验号	A	B	C	D
3	1	3	3	3
4	2	1	2	3
5	2	2	3	1
6	2	3	1	2
7	3	1	3	2
8	3	2	1	3
9	3	3	2	1

五、正交表的构造方法

构造二水平正交表的一种简便方法是哈达马（Hadamard）矩阵法。哈达马矩阵（简称哈阵）是以 1、-1 为元素，任两列正交的方阵。方法是从最简单的哈阵 H_2 出发，利用直积方法，逐步地构造出高价的哈阵。将最简单的哈阵

$$H_2 = \begin{bmatrix} 1 & 1 \\ 1 & -1 \end{bmatrix}$$

进行直积运算，即

$$H_2 \times H_2 = \begin{bmatrix} 1 & 1 \\ 1 & -1 \end{bmatrix} \times \begin{bmatrix} 1 & 1 \\ 1 & -1 \end{bmatrix} = \begin{bmatrix} 1 \times \begin{pmatrix} 1 & 1 \\ 1 & -1 \end{pmatrix} & 1 \times \begin{pmatrix} 1 & 1 \\ 1 & -1 \end{pmatrix} \\ 1 \times \begin{pmatrix} 1 & 1 \\ 1 & -1 \end{pmatrix} & -1 \times \begin{pmatrix} 1 & 1 \\ 1 & -1 \end{pmatrix} \end{bmatrix}$$

$$= \begin{bmatrix} 1 & 1 & 1 & 1 \\ 1 & -1 & 1 & -1 \\ 1 & 1 & -1 & -1 \\ 1 & -1 & -1 & 1 \end{bmatrix}$$

将得到的 H_4 中的第 1 列去掉，便得到最简单的 3 因素 2 水平正交表 $L_4(2^3)$。

H_2 和 H_4 进行直积运算得到矩阵 H_8，将 H_8 中的第 1 列去掉便得到最简单的 7 因素 2 水平正交表 $L_8(2^7)$。

任务 4　正交实验设计流程与应用

【任务描述】

熟悉正交实验设计流程及将正交实验设计用于注塑成型中。

【知识链接】

一、正交实验设计流程

正交实验设计流程如下。

(1) 明确实验目的,确定要考核的实验指标。

(2) 根据实验目的,确定要考察的因素和各因素的水平。通过对实际问题的具体分析选出主要因素,略去次要因素,这样可使因素个数少些。如果对问题不太了解,因素个数可适当地多取一些,经过对实验结果的初步分析,再选出主要因素。因素被确定后,随之确定各因素的水平数。以上两条主要靠实践来决定,不是数学方法所能解决的。

(3) 选用合适的正交表,安排实验计划。首先根据各因素的水平选择相应水平的正交表。同水平的正交表有多个,究竟选哪一个要看因素的个数。一般只要正交表中因素的个数比实验要考察因素的个数稍多或相等即可。这样既能保证达到实验目的,又使实验的次数不至于太多,省工省时。

(4) 根据安排的计划进行实验,测定各实验指标。

(5) 对实验结果进行计算分析,得出合理的结论。

二、正交实验设计在注塑成型中的应用举例

(1) 确定实验目的:以产品质量为实验指标。

(2) 确定因素:影响产品质量的因素有注射速度、保压压力、保压时间、背压等,此处选择注射速度、保压压力、保压时间、背压为因素。

(3) 实验因素水平设置如表8.4所示。

表8.4 水平设置

水平 \ 因子	注射速度/(mm·s^{-1}) A	保压压力/MPa B	保压时间/s C	背压/MPa D
1	60	70	1	6
2	80	80	2	7
3	100	90	3	8

(4) 如果按照全因子实验,需要进行 $3^4=81$ 次实验,选择4因素3水平正交实验表 $L_9(3^4)$,则只需9次实验。为了便于分析,将结果和正交表合编,以便于计算,如表8.5所示,并将实验结果填入表8.5中。

表8.5 $L_9(3^4)$ 正交表与结果分析

实验号 \ 因子	A	B	C	D	产品质量/g
1	60	70	1	6	12

续表

实验号 \ 因子	A	B	C	D	产品质量/g
2	60	80	2	7	14
3	60	90	3	8	18
4	80	70	2	8	13
5	80	80	3	6	15
6	80	90	1	7	13.5
7	100	70	3	7	14
8	100	80	1	8	13.8
9	100	90	2	6	17
K_1	44	39	39.3	44	
K_2	41.5	42.8	44	41.5	
K_3	44.8	48.5	47	44.8	
极差	3.3	9.5	7.7	3.3	

（5）结果分析。将每列的 K_1、K_2、K_3 中最大值与最小值之差称为极差。即

第一列（A 因素）= 44.8-41.5 = 3.3；

第二列（B 因素）= 48.5-39 = 9.5；

第三列（C 因素）= 47-39.3 = 7.7；

第四列（D 因素）= 44.8-41.5 = 3.3。

因此，保压压力对产品质量影响最大，保压时间次之，注射速度和背压对产品质量影响较小。

任务工单

任务名称		组别	组员：

一、任务描述

学习注塑模具的含义、分类及典型结构，学习产品设计、模具设计与加工对注塑成型的影响。

二、实施（完成工作任务）

工作步骤	主要工作内容	完成情况	问题记录

续表

三、检查（问题信息反馈）		
反馈信息描述	产生问题的原因	解决问题的方法

四、评估（基于任务完成的评价）

1. 小组讨论，自我评述任务完成情况、出现的问题及解决方法，小组共同给出改进方案和建议。
2. 小组准备汇报材料，每组选派一人进行汇报。
3. 教师对各组完成情况进行评价。
4. 整理相关资料，完成评价表

指导教师评语：

任务完成人签字：　　　　　　　　　　　　　　　日期：　　　年　　　月　　　日
指导教师签字：　　　　　　　　　　　　　　　　日期：　　　年　　　月　　　日

参 考 文 献

［1］刘文钦. 现代试验设计优化方法［M］. 北京：清华大学出版社，2020.

［2］Angela Dean. Design and Analysis of Experiment［M］. 北京：世界图书出版公司，2010.

［3］刘振学，王力. 实验设计与数据处理［M］. 北京：化学工业出版社，2015.

［4］刘方，翁庙成. 实验设计与数据处理［M］. 重庆：重庆大学出版社，2021.

［5］杜双奎. 试验优化设计与统计分析［M］. 2版. 北京：科学出版社，2020.

项目 9　注塑成型过程监控技术

项目引入

注塑成型产品的质量管控始终是生产制造过程中需要解决的难题。一些普通的外观件或者结构件，对尺寸精度的要求不高，工艺窗口也较宽，因此较容易获得质量相对合格的产品。但是，对于一些精密注塑件，如医疗器械、消费电子，以及光学镜片等高端注塑领域，产品是否合格无法通过肉眼或者普通的测量工具识别，而是需要通过专业的设备和仪器，当发现产品质量问题时，往往已存在一批不良品，从而导致大量损失。注塑成型过程监控技术是通过采集成型过程中的数据，利用监控系统软件对数据进行统计和分析，通过经验指标或者智能算法从数据中发现异常波动，提前发现问题并作出报警提示，实现对产品质量的实时监控，从而降低材料的损耗并减少工时的浪费。

项目目标

（1）了解注塑过程监控技术的概念。
（2）了解注塑过程的数据组成和分类。
（3）了解注塑过程的数据采集方法。
（4）了解数据的常用分析方法。
（5）了解注塑过程监控技术的应用。

任务 1　注塑过程监控技术概述

【任务描述】

通过学习注塑成型过程监控技术的概念和原理，明确监控对象、确定监控方法，可以更好地了解如何在注塑过程中应用该技术。

【知识链接】

监控是指对特定环境、对象、行为或状态进行持续观察、测量、记录和评估的过程。监控技术则是一种针对特定问题的系统性解决方案，通常需要经过以下步骤：①明确被监控的对象、目标和要求，确定技术实施路线；②确定需要收集的信息，如文本信息、图像信息、数值信息、音频信息等；③选择适用的硬件设备，如摄像头、传感器、数据采集设备等；④设计监控系统软件，结合硬件设备搭建监控平台；⑤存储数据，通过数据分析方法提取出重要信息，并输出相应的反馈。

本章所述的注塑过程监控技术则是一种在注塑成型加工过程中，用于监控生产过程和评估产品质量的技术。注塑成型对于生产人员来说通常是一个黑匣子，无法对成型过程有直接的观察，通常是在制品成型后才能发现成型缺陷，普通的成型缺陷，如外观缺陷可以通过人工目视的方法进行检测识别，需要占据很大的工时；还有一部分缺陷，如尺寸缺陷、光学性能等方面的缺陷需要借助特定的仪器或设备才能够进行检测识别，当发现制品存在缺陷时，实际上已经产生了大量的不良品。因此，通过对注塑过程进行实时监控，能够提前发现成型过程中的异常波动，避免大量不良品的浪费，减少人工检测在生产过程中的占比，提升制品的生产效率。

注塑过程的监控对象主要有注塑机、模具及制品，根据监控对象的不同，需要收集注塑机运行过程中的机器参数、模具成型过程中的过程参数及制品成型完成后的质量参数。

图9.1所示为机器参数、过程参数和质量参数三者之间的关系。机器参数主要指注塑机上设置的料筒温度、喷嘴温度、注射压力、注射速度、保压压力等工艺参数。过程参数主要指成型过程中的熔体压力、温度、黏度等参数。过程参数是成型过程中材料、设备、模具、工艺等众多因素的综合反映。质量参数是产品质量的直接描述，主要包括缩水、飞边等定性的外观质量，光学性能、力学性能、尺寸等定量的质量。

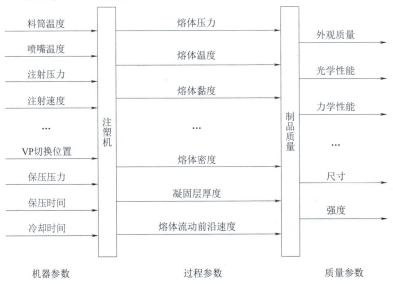

图9.1　机器参数、过程参数和质量参数之间的关系

根据机器参数、过程参数和质量参数三者间的关系，可知机器参数、过程参数的差异是导致制品质量参数各指标差异的主要原因。在机器参数、过程参数保持一致的情况下，制品的质量参数也应保持一致。因此，注塑过程监控技术的主要方案是通过实时采集机器参数和过程参数，并对采集的信息进行系统性的数据分析，从而发现注塑成型过程中的异常波动，及早提示工艺人员对生产过程进行检查，实现对制品质量的监控。

任务 2　成型数据采集

【任务描述】

通过学习注塑成型过程采集数据的类别及机器数据、过程数据的具体采集方法,有助于理解注塑机通信和传感器数据采集的相关知识。

【知识链接】

一、机器数据采集

(一)机器数据分类

注塑机在生产运行过程中会产生大量的机器数据,分为设定值和监测值。设定值指由工艺人员设定的工艺参数,主要包括料筒温度、注射压力、注射速度、注射行程、VP 切换模式、VP 切换位置、VP 切换时间、保压压力、保压速度、保压时间、计量压力、计量螺杆转速、计量背压、料筒温度、冷却时间、开合模速度、开合模压力、顶出速度、顶出压力、吹气压力、锁模力等;监测值指制品成型过程中机器运行的实际值,主要包括实际周期时间、实际合模时间、实际开模时间、实际注射时间、实际计量时间、实际开模终点位置、实际保压终点位置、实际 VP 切换位置、实际注射起点位置、余料量、实际计量起点位置、实际计量终点位置、实际峰值压力、实际 VP 切换压力等。

(二)机器数据采集方式

注塑机机器数据的采集通常是通过与注塑机设备进行通信的方式获取,这得益于当下信息技术的快速发展,使与注塑机通信不再是一件困难的事情。

注塑机的通信技术经历了相当长一段时间的发展历程,在 19 世纪末至 20 世纪初,最早期的注塑机是机械式的,未涉及数字通信技术,操作员只能通过机械控制和人工调整控制注塑过程。在 20 世纪 60 年代,数字控制技术开始应用于注塑机,电子和液压技术的发展使注塑机更加自动化和高效,并且引入了数值控制系统,用于监控一些基本参数。在 20 世纪 70 年代和 80 年代,可编程逻辑控制器(Programmable Logic Controller,PLC)技术的引入推动了注塑机控制器的发展。PLC 允许更多的参数监控和控制,但通信能力仍然有限。在 20 世纪 90 年代,通信协议如 Modbus、CAN 和 RS-232 等开始应用于注塑机,提高了设备之间的通信能力。21 世纪初,随着互联网的普及,注塑机开始通过互联网进行远程监控,这使生产企业能够实现远程访问和生产数据的实时共享。近年来,随着工业 4.0、智能制造及物联网等概念的提出与发展,同时得益于工业自动化领域对更强大、更安全、更灵活的通信协议的需求,OPC UA(开放平台通信统一架构)技术被正式提出并引入到工业自动化领域,用于提供更先进的、跨平台的通信和数据交换解决方案。当前注塑机厂商基本都引入了 OPC UA 通信模块,注塑机开始与其他设备和系统集成,实现数据共享,实现更广泛的数据采集和设备控制,通信技术已然成为实现注塑智能制造的重要组成部分。以下为一些常用的注塑机通信方法及其特点。

（1）Modbus 通信。Modbus 是一种串行通信协议，广泛用于工业自动化和控制系统，用于在设备和控制器之间进行数据传输，其允许设备之间以简单的、标准化的方式进行通信，用于监控和控制各种设备，如传感器、执行器、PLC 等。Modbus 通信有以下特点。

1）通信方式。Modbus 通信可以通过串行通信（如 RS-232 或 RS-485）或以太网通信（Modbus TCP/IP）进行。

2）简单协议。Modbus 协议相对简单，易于实现和理解。其使用功能码来标识不同的功能，如读寄存器、写寄存器等。

3）客户端-服务器模型。遵循客户端-服务器模型。通常，PLC 或主站充当客户端，而传感器、执行器或从站充当服务器。客户端可以发送请求，从服务器获取数据或发送控制命令。

（2）CAN 通信。CAN（Controller Area Network）通信是一种广泛用于工业控制和汽车领域的串行通信协议，具有高度可靠性、实时性和抗干扰能力，适用于各种实时控制和数据通信的应用。CAN 通信有以下特点。

1）通信方式。CAN 通信使用差分信号传输数据，具有双线路结构，即 CAN-High（CAN-H）和 CAN-Low（CAN-L）。这种差分信号的传输方式使 CAN 通信对电磁干扰和噪声有较强的抗干扰能力。

2）帧格式。使用数据帧和远程帧来传输数据。数据帧包含数据字段，通常用于传输实际数据，而远程帧用于请求数据。CAN 通信使用标识符（id）标识不同的数据帧。

3）网络拓扑。CAN 通信可以构建多节点网络，通常以总线形式连接多个设备。每个设备可以通过总线访问其他设备的数据。CAN 通信支持多主站和多从站的网络拓扑。

4）实时性。CAN 通信具有高实时性，能够在毫秒级的时间内传输数据，使其适用于需要快速响应的实时控制应用，如汽车电子系统、机器控制和工业自动化。

（3）OPC UA 通信。OPC UA（开放平台通信统一架构）是一种现代的通信协议，用于在工业自动化和物联网（IoT）应用中进行数据交换和通信。其具有许多优势，适用于广泛的应用领域，如制造业、能源管理、建筑自动化等。OPC UA 通信的一些特点如下。

1）跨平台。OPC UA 是跨平台的通信协议，支持多种操作系统，包括 Windows、Linux 和嵌入式系统。使其非常灵活，可以在不同的硬件和软件环境中运行。

2）安全性。OPC UA 强调安全性，提供了多层次的安全功能，包括身份验证、加密和授权控制。使其非常适合处理敏感数据和控制应用。

3）数据模型。OPC UA 使用统一的数据模型，定义了不同数据类型和对象的结构，有助于确保数据的一致性和互操作性，使不同设备能够理解和解释数据。

4）扩展性。OPC UA 允许用户定义自定义数据类型和对象，以满足特定应用的需求。使其非常灵活，能够适应不同行业和应用。

5）高性能。OPC UA 支持高性能数据传输，能够在低延迟和高吞吐量的情况下传输数据。这对于实时控制和数据采集应用非常重要。

6）发布-订阅模型。OPC UA 支持发布-订阅模型，允许客户端订阅感兴趣的数据，当数据发生变化时，服务器将数据推送给订阅用户，适用于监控和事件通知。

7）历史数据。OPC UA 支持历史数据的存储和检索，这对于数据分析、报告和趋势分析非常有用。

8）物联网（IoT）集成。OPC UA 已经与物联网技术集成，使设备和传感器能够在物联网中进行数据通信，有助于建立智能工厂和智能建筑等应用。

9）开放标准。OPC UA 是一个开放的标准，由 OPC Foundation 维护。这意味着其是一个开放的生态系统，允许多个供应商的设备和软件之间进行互操作。

OPC UA 通信技术在注塑领域的应用。以伊之密品牌的 FF 系列注塑机为例，图 9.2 所示为一款采用 KEBA2000 电控系统，支持 OPC UA 通信模块的全电动注塑机。

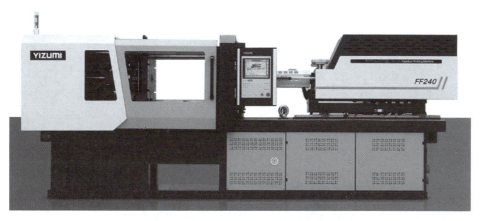

图 9.2　伊之密 FF240 全电注塑机

注塑机通信本质上是与注塑机的电控系统进行数据交换，电控系统是用于控制注塑机运行，实现注塑过程自动化的系统。操作员在实际使用过程中，通常通过控制面板进行工艺参数的设置、生产过程的监控，以及实施必要的维护和故障排除。现代注塑机的 OPC UA 通信模块通常集成在电控系统中，通过网口进行连接，如图 9.3 所示，计算机通过网线与注塑机电控系统进行连接通信。

图 9.3　网络接口

使用 OPC UA 通信模块需要厂商开放通信接口，在开放通信接口的前提下，使用 OPC UA 客户端工具 UaExpert 进行数据的采集与显示。UaExpert 是一款由 Unified Automation 公司开发的 UA 客户端工具，该软件界面简洁，功能强大，是一款专业的 OPC UA 服务器功能测试软件。图 9.4 所示为 UaExpert 客户端的主界面。

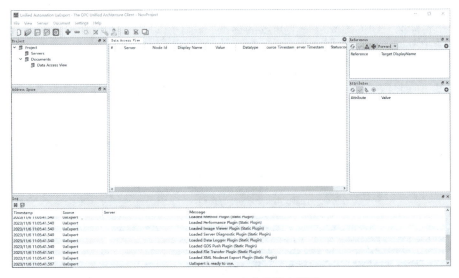

图 9.4 UaExpert 客户端的主界面

在硬件连通且准备完善的前提下，进行软件的连通与测试，首先需要设定注塑机的 IP 地址，这个地址将作为计算机识别注塑机设备的唯一标识。图 9.5 所示为注塑机 IP 设置界面，该界面显示有三个接口，使用 Ethernet 接口 1 并将 IP 设置为 192.168.23.43。为了使注塑机与计算机能够通信，需要将设备置于同一局域网下，图 9.6 所示为计算机 IP 的设置，地址为 192.168.23.6，使计算机与设备处于同一个网段。

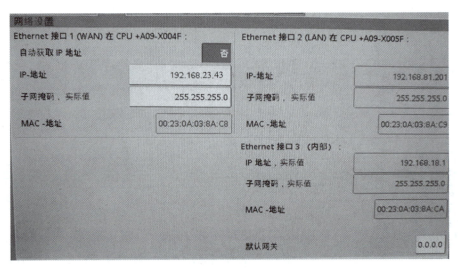

图 9.5 注塑机 IP 设置界面

图 9.6 计算机 IP 的设置

接下来打开 UaExpert 客户端，首先要添加服务器信息，即注塑机控制器内部的 OPC UA 服务器，如图 9.7 所示，单击"添加服务器"按钮，双击"查找并添加服务器信息"，弹出图 9.8 所示的对话框，根据之前的注塑机 IP 格式输入链接：opc.tcp：//192.168.23.43：4842。单击 OK 按钮完成服务器信息的添加。

图 9.7 查找服务器

图 9.8　输入服务器地址

图 9.9 所示为从注塑机控制器获取到的服务器连接列表，可以看到一共包含 5 项，控制器的版本不同，显示的项也会不同，图中的 5 项分别代表以下验证方式。

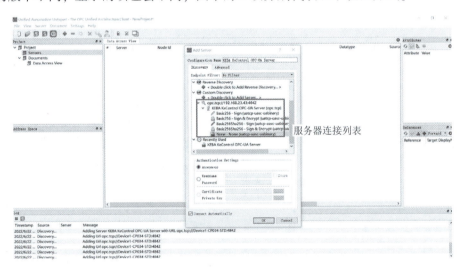

图 9.9　服务器连接列表

①Basic256-Sign 安全策略。Basic256-Sign 安全策略将数据进行数字签名，以确保数据的完整性和不可否认性，在数据传输期间，通信的发送方使用其私钥对数据进行数字签名，接收方可以使用发送方的公钥验证签名以确认数据未被篡改，但是不提供数据加密，其使用 256 位的加密密钥。

②Basic256-Sign & Encrypt 安全策略。Basic256-Sign & Encrypt 安全策略相对于 Basic256-Sign 安全策略，增加了数据加密，数据加密确保通信数据的机密性，在数据传输期间，通信的发送方使用接收方的公钥加密数据，只有接收方能够使用其私钥解密数据。这意味着即使通信数据在传输过程中被截获，也无法轻松解密和阅读数据。

③Basic256Sha256-Sign 安全策略。Basic256Sha256-Sign 安全策略是一种更高级的安全

策略,使用 SHA-256 散列算法来提高数据完整性。其也使用 256 位的加密密钥,提供更强的安全性。

④Basic256Sha256-Sign & Encrypt 安全策略。Basic256Sha256-Sign & Encrypt 安全策略相对于 Basic256Sha256-Sign 安全策略增加了数据加密。

⑤None 安全策略。None 安全策略是最不安全的选项,不提供任何安全性保护。通信数据以明文形式传输,没有加密或数字签名,通常不建议在生产环境中使用此选项。

为了方便,这里选用 None 安全策略,随后可以从服务器获取注塑机参数结构数,将想查看的变量拖拽到 Data Access View 窗口,即可看到实时的工艺参数,如图 9.10 所示,如表 9.1 所示,可以看到该条数据"料筒一段设定温度"的组成。

表 9.1 数据"料筒一段设定温度"节点详细内容

序号	字段	内容
1	Server	KEBA KeControl OPC-UA Server
2	Node Id	NS4	String	APPL.HeatingNozzle1.sv_ Zone1.rSetValVis
3	Display Name	rSetValVis
4	Value	230
5	Datatype	Float
6	Source Timestamp	2022-06-22 16:12:05
7	Server Timestamp	2022-06-22 16:12:05
8	Statuscode	Good

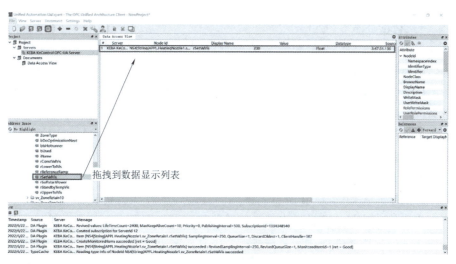

图 9.10 注塑机数据的显示

基于 OPC UA 通信协议的数据采集实例。

通过 OPC UA 通信协议,可以根据使用需求研发相应的数据采集与监控系统,图 9.11 简述了通过编写 Python 语言脚本,实现从注塑机 OPC UA 服务器中获取注塑机数据的过程。

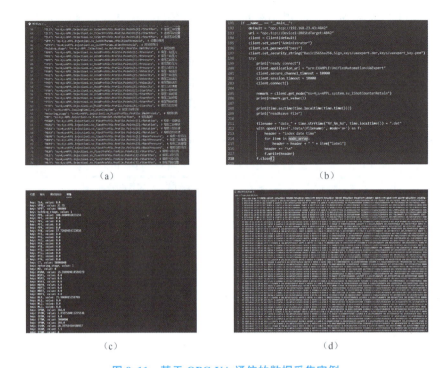

图 9.11　基于 OPC UA 通信的数据采集实例

(a) 确定采集字段；(b) 部分关键代码；(c) 数据获取；(d) 数据文件存储

二、过程数据采集

(一) 过程数据分类

过程数据的采集通常需要借助传感器等硬件的辅助，为了获取注塑成型过程中模具型腔内的熔体压力和熔体温度，需要安装压力传感器和温度传感器。压力传感器用于测量气体或液体的压力，通常以帕斯卡（Pa）或其他单位来表示。其可以用于监测气体管道中的气体压力或液体系统中的液体压力，如液位监测、液体流量控制等；温度传感器用于测量环境或物体的温度，通常以摄氏度（℃）或华氏度（℉）表示，其可以测量从极低温度到极高温度的范围。

本章主要介绍压力传感器在注射过程监控中的使用方法，压力传感器按照其安装方式分为直接式和间接式，如图 9.12 所示。常见的直接式型腔压力传感器有 Kistler、Priamus 等品牌，直接式传感器安装在模具内部，传感器前端面与型腔内壁齐平，构成型腔内壁的一部分，由于熔体与传感器前端面直接接触，可直接测量压力，因此具有测量精度高、实时性好等特点。但是，由于直接式需要将传感器安装于模具内部，具有安装困难、成本高、易在产品表面留下痕迹等缺点。间接式型腔压力传感器安装在顶针或顶杆后面，型腔压力通过顶针或顶杆传递给间接式型腔压力传感器。间接式型腔压力传感器实际是力传感器测量顶针或顶杆的受力，再通过顶针或顶杆与传感器的接触面积换算出型腔压力，如 Minebea 型腔压力传感器。间接式传感器具有测量安装容易、实现成本低、可重复利用的特点，一般用于对表面质量有极高要求的情况。

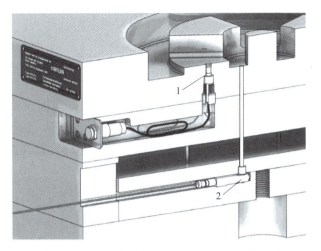

图 9.12　直接式压力传感器和间接式压力传感器
1—直接式压力传感器；2—间接式压力传感器

以 Minebea 型腔压力传感器为例，硬件结构如图 9.13 所示，传感器信号经中继盒、放大器转为模拟电压信号输出。

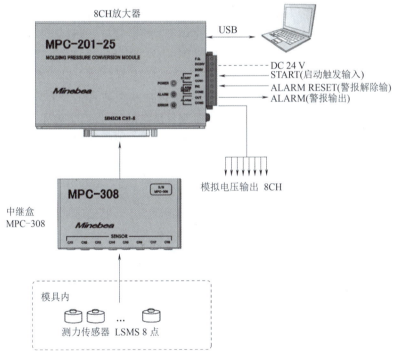

图 9.13　传感器信号采集与传输

型腔压力传感器安装布局如图 9.14 所示。

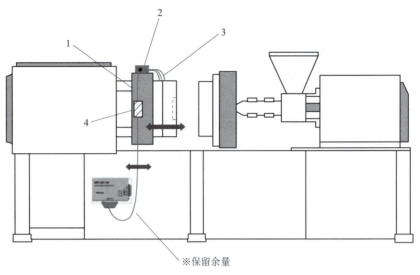

※保留余量

图 9.14　型腔压力传感器安装布局

1—中继电缆；2—中继盒；3—传感器电缆；4—夹具

（二）典型的型腔压力曲线

一个压力传感器位于浇口附近的典型型腔压力曲线可分为充填、压缩、保压和冷却四个阶段，如图 9.15 所示。（1）充填阶段，充填开始于 A 点，塑料熔体经过喷嘴、流道，到达浇口附近，压力传感器（B 点）开始感受到压力，熔体继续充填，直到模具型腔被充满（C 点）；（2）压缩阶段，熔体充满模具型腔之后压力急剧上升，直到达到峰值压力 P_{max}（D 点）；（3）保压阶段，该阶段塑料熔体维持在一个或者多个特定的压力，从而保证有额外的熔体进入模具型腔来补充由于冷却或者是结晶而导致的收缩，保压阶段直到浇口冻结（E 点）为止；（4）冷却阶段，模具浇口冻结，因熔体冷却收缩，型腔压力逐渐降低。

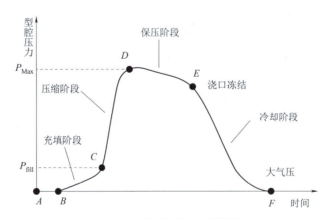

图 9.15　典型型腔压力曲线

任务 3　数据分析方法

【任务描述】

通过学习主成分分析、偏最小二乘法及统计模量分析方法对成型数据的分析过程，有助于理解如何从数据中获取关键信息。

【知识链接】

在通用监控方法方面，常用的有主成分分析（PCA）、偏最小二乘（PLS）、多向主成分分析（MPCA）和多向偏最小二乘（MPLS）等监控方法。PCA 和 PLS 对多变量进行监控的基本方法，可以将过程变量空间分为主成分子空间和残差子空间，进而计算两个子空间的相关统计量，达到监控的目的。MPCA 和 MPLS 是对前两种基本方法的扩展，在间歇过程（包括注塑成型过程）中有一定的应用，该方法可以对三维的测量数据（时间变量 x 批次）展开成二维数据（通常是时间变量），然后再应用 PCA 和 PLS。然而，采用 MPCA 或 MPLS 对于间歇过程监控也有一些问题：①间歇过程不等长；②间歇过程不同步或未对齐；③未考虑数据的高维特征；④变量不满足多元高斯分布。

一、主成分分析

主成分分析（Principal Components Analysis，PCA）是统计过程监控中的主要方法之一。该方法将高维数据空间投影到低维的主元空间和残差空间，在两个子空间进行统计量的假设检验，可以用于监控是否发生异常。

（1）PCA 基本原理。

假设 X 是一个 $n \times m$ 的数据矩阵，其中的行列分别代表批次和变量。对其进行 SVD 奇异值分解得到

$$X = \lambda_1 r_1 p_1^T + \lambda_2 r_2 p_2^T + \cdots + \lambda_m r_m p_m^T$$

式中，p_i 和 r_i 分别是 $X^T X$ 和 XX^T 的特征向量，为标准正交向量；$\lambda_1 > \lambda_2 > \cdots > \lambda_m$，为奇异值，即 $X^T X$ 特征值的非负平方根。

设 $t_i = \lambda_i r_i$，则有

$$X = t_1 p_1^T + t_2 p_2^T + \cdots + t_m p_m^T$$

式中，t_i 为得分向量，其对应的变量为主元；p_i 为负荷向量，表示主元的方向。上述公式也可以写为下列矩阵形式：

$$X = TP^T$$

式中，$T = [t_1, t_2, \cdots, t_m]$，称为得分矩阵；$P = [p_1, p_2, \cdots, p_m]$，称为负荷矩阵。

得分向量的长度满足下列公式，即

$$\|t_1\| > \|t_2\| > \|t_3\| > \cdots > \|t_m\|$$

负荷向量 p_i 代表数据 X 变化最大的方向，X 在其他负向量上的变化依次递减。可以认

为，最后几个负荷向量上的投影主要是由于测量噪声引起的，从而把主元分解式写为

$$X = t_1 p_1^T + t_2 p_2^T + \cdots + t_k p_k^T + E$$

式中，E 为矩阵，代表 X 在 p_{k+1} 到 p_m 等负荷向量方向上的变化。

忽略矩阵 E 的效果，数据矩阵 X 可以近似地表示为

$$X \approx t_1 p_1^T + t_2 p_2^T + \cdots + t_k p_k^T$$

按照上述算法处理，数据矩阵 X 的 m 维数据间被 k 维的主元空间 $\hat{s}$ 和 $m-k$ 维残差空间 $\tilde{s}$ 代替，同时也消除了变量之间的相关性。

（2）基于 PCA 的监控。

基于 PCA 的监控实际上是监控两个多元统计量，即 Hotelling's T^2 和预测误差平方和（SPE），后者有时也称为 Q 统计量。整个监控过程可以分为两个步骤：①模型建立，对训练数据进行 PCA 处理可获取维度、得分向量、负向量、控制限等参数，这些参数称为 PCA 的模型；②监控实施，对于每个新产生的批次，计算其 T^2 和 SPE，与控制限比较，从而判断异常。第一个步骤已经在 PCA 的基本原理中有所讲述，下面着重讲述第二个步骤：

设新批次的变量数据 $x = [x_1, x_2, \cdots, x_m]$，将其投影到主成分子空间，可得

$$t = xP$$

$$x = tP^T = xPP^T$$

$$e = x(I - PP^T)$$

Hotelling's T^2 的计算式为

$$T^2 = t \Lambda^{-1} t^T = \sum_{a=1}^{k} \frac{t_a^2}{\lambda_a}$$

式中，$t = [t_1, t_2, \cdots, t_k]$，是主成分得分向量；$\Lambda = \mathrm{diag}(\lambda_1, \lambda_2, \cdots, \lambda_k)$，是由训练数据的协方差矩阵的前 k 个特征值构成的对角阵。

SPE 统计量的计算式为

$$\mathrm{SPE} = ee^T = \sum_{j=1}^{m}(x_j - x_i)^2$$

如果上述两个统计量满足 $\mathrm{SPE} \leqslant \mathrm{SPE}_\alpha$，且 $T^2 \leqslant T_\alpha^2$，则认为批次正常。SPE_α 和 T_α^2 分别表示显著性水平 α 对应的 SPE 和 Hotelling's T^2 的控制限。

二、偏最小二乘法

（1）基本原理。

偏最小二乘（PLS）是一种常用的多变量统计监控方法。该方法认为生产过程由隐变量，即一些无法直接测量的量所决定。

设自变量矩阵 $X \in R^{n \times m}$，因变量矩阵 $Y \in R^{n \times m}$，且两者之间有简单的线性关系，即

$$Y = XC + V$$

式中，V 为噪声矩阵，维度为 $n \times p$；C 为拟合的系数，维度为 $n \times p$。

可以对自变量矩阵 X 和因变量矩阵 Y 建立相应的回归模型，即

$$X = \hat{X} + E_k = \sum_{i=1}^{k} t_i p_i^T + E_k = TP^T + E_k$$

$$Y = \hat{Y} + E_k = \sum_{i=1}^{k} u_i q_i^T + F_k = UQ^T + F_k$$

式中，X 和 Y 是拟合矩阵，E_k、F_k 为相应的拟合误差矩阵；t_i 和 u_i 是第 i 个隐变量的得分向量；T 和 U 则是得分矩阵；p_i^T 和 q_i^T 是第 i 个隐变量的负载向量的转置；P^T 和 Q^T 则是负载矩阵的转置。

常用的 PLS 算法是基于 NIPALS 的算法，可以采用如下循环步骤表示。

第 1 步，对 X、Y 进行中心化处理，减去相应的均值；同时初始化拟合误差矩阵，即 $E_i = X$，$F_i = Y$，此处 i 初始化为 1。

第 2 步，然后对 $X_i^T Y_i$ 进行奇异值分解，得到

$$X_i^T Y_i = w_i \sigma_i q_i^T + G_i$$

式中，σ_i 为 $X_i^T Y_i$ 的最大奇异值；w_i 和 q_i 是其第一左、右特征向量；G_i 则是次要奇异值项的和。

第 3 步，计算隐变量或得分向量。

$$t_i = X_i w_i$$
$$u_i = Y_i q_i$$

第 4 步，实现 u_i 对 t_i 的最小二乘回归。

$$u_i = b_i t_i + \varepsilon_i$$
$$b_i = u_i^T t_i / t_i^T t_i$$

式中，ε_i 为回归误差。该式也是自变量矩阵和因变量矩阵之间的外部关系式。

第 5 步，实现 t_i 对 X_i 的最小二乘回归，并计算残差矩阵 E 和 F。

$$p_i^T = t_i^T X_i / t_i^T t_i$$
$$E = X_i - t_i p_i^T$$
$$F = Y_i - b_i t_i q_i^T$$

第 6 步，如果已经计算了指定数目的隐变量，则转第 7 步，否则，$i = i+1$，$E_i = X$，$F_i = Y$，转第 2 步。

第 7 步，结束。

上述算法中，因变量的个数是由交叉检验法确定的，当 Y 的预测误差平方和与拟合误差平方和的比值小于一定数值时，则得到了相应的隐变量数目。经过 PLS 算法处理，实际上原来的自变量空间被分为隐变量空间和残差空间，且两者互为正交补空间。

（2）基于 PLS 的监控。

与基于 PCA 的监控类似，基于 PLS 的监控同样是监控 Hotelling's T^2 和预测误差平方和（SPE）这两个统计量，也可以分为建模和监控两个步骤。建模时，PLS 模型指代的是按照 PLS 原理中处理流程得到的降维之后的维度、特征向量、隐变量回归系数等参数。监控时，PLS 对应的 T^2 和 SPE 的定义式与 PCA 中的定义式一致，代入模型参数和新样本的数据即可计算，与控制限比较后可判断异常。

与 PCA 的相同之处在于，它们都能起到降维作用；不同之处在于，PLS 的数据处理过程考虑了因变量，通常认为其不仅可以很好地概括原始变量的信息，还对因变量有很强的

解释能力。

三、统计模量分析

统计模量分析（SPA）是由 Q. Peter He 等人提出，用来解决半导体生产过程或其他间歇过程监控问题的。MPCA 或 MPLS 等现有方法监控的是每个批次的过程变量，而 SPA 监控的是每个批次的统计量。这是因为 SPA 是基于一个假设，即所有批次的行为可以完全由批次统计量的方差-协方差结构而不是批次过程变量的方差-协方差结构决定。统计模量分析中的所谓的统计模量，指代的是刻画每个监控变量特征的各种统计量（如平均值和方差），以及刻画各个监控变量之间相互关系的统计量（如协方差）。其基本思想是：正常批次的统计模量遵循同样的模式，而异常批次的统计模量相较于正常批次的情况会有所偏离。该思想的合理性在于：一个设备上不同的批次生产都遵循着同样的物理/化学机制，体现在质量传输，动力学和热力学等方面。

如图 9.16 所示，统计模量分析可以分为两个步骤：第一个步骤为统计模量提取，第二个步骤即利用正常批次的统计模量量化差异，选取置信度并确定控制限。当产生一个新的批次时，首先计算得出这个批次的统计模量，然后量化这个批次与正常批次的差异，看是否超出控制限，超出则出现异常，否则正常。可以应用一些基本的监控方法（如 PCA 和 PLS）来量化差异，从而进行质量监控。

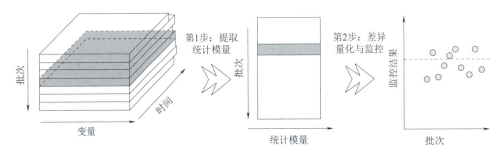

图 9.16 SPA 监控方法

所有批次的过程变量组成了一个三维矩阵，分别有批次、变量和时间三个维度。沿着批次方向展开后，形成一个包含变量和时间的二维矩阵 X，表示为

$$X = \begin{bmatrix} x_1(1) & x_1(2) & \cdots & x_1(m) \\ x_2(1) & x_2(2) & \cdots & x_2(m) \\ \vdots & \vdots & \ddots & \vdots \\ x_n(1) & x_n(2) & \cdots & x_n(m) \end{bmatrix}$$

X 的维度是 $n \times m$，其中 n 是监控的变量数目，m 是每个批次的时间长度。每个批次的原始统计模量按照以下方法计算：

$$S = [\mu \mid \Sigma \mid \gamma \mid k] \in R^{n \times (n+3)}$$

式中：$\mu \in R^{n \times (n+3)}$ 是所有监控变量的均值；$\Sigma \in R^{n \times (n+3)}$ 是所有监控变量两两之间的协方差；$\gamma \in R^{n \times (n+3)}$ 是所有监控变量的偏度；$k \in R^{n \times (n+3)}$ 是所有监控变量，其含义及计算式如下。

(1) 均值（mean）。

型腔压力的均值，是指注塑成型过程每个批次中的时间段内，型腔压力采样点的算术平均值。该指标反映了数据的集中趋势，定义式为

$$\mu = [E_{(x_i)}] = \left[\frac{1}{m}\sum_{k=1}^{m} x_i(k)\right]$$

(2) 协方差矩阵（covariance）。

型腔压力的协方差矩阵，即各个型腔压力信号之间的协方差，是低维方差在高维的扩展，定义式为

$$\Sigma = [cov(x_i, x_j)] = \left[\frac{1}{m-1}\sum_{k=1}^{m}(x_i(k)-\mu_i)(x_j(k)-\mu_j)\right]$$

(3) 偏度（skewness）。

型腔压力曲线的偏度，指代型腔压力曲线在一个批次周期内的数据分布倾斜程度，也刻画了曲线的非对称程度，其计算式为

$$\gamma = [\gamma_i] = \left[\frac{\frac{1}{m}\sum_{k=1}^{m}(x_i(k)-u_i)^3}{\left[\frac{1}{m}\sum_{k=1}^{m}(x_i(k)-u_i)^2\right]^{3/2}}\right]$$

(4) 峰度（kurtosis）。

峰度本来被用于描述概率密度分布曲线在平均值处峰值的高低，是分布曲线的四阶中心距。引入峰度特征可以描述型腔压力曲线是平坦还是突兀，其计算式为

$$k = [k_i] = \left[\frac{\frac{1}{m}\sum_{k=1}^{m}(x_i(k)-u_i)^4}{\left[\frac{1}{m}\sum_{k=1}^{m}(x_i(k)-u_i)^2\right]^2} - 3\right]$$

(5) 相关系数。

相关系数表明了变量之间的线性相关程度，该特征定义式为

$$\rho = [\rho_{ij}] = \left[\frac{\sum_{k=1}^{m}(x_i(k)-u_i)(x_j(k)-u_j)}{\sqrt{\sum_{k=1}^{m}(x_i(k)-u_i)}\sqrt{x_j(k)-u_j}}\right]$$

原始统计模量 S 为 $n \times (n+3)$ 维度的矩阵，还需要进一步处理才能转换成最终的统计模量 SP，以方便实际中的模型建立。通过把原始统计模量 S 按照行展开，得到最终的统计模量 SP，即

$$SP = \text{vec}(S) \in R^{1 \times n(n+3)}$$

其中，SP 维度为 $1 \times n(n+3)$，即一个 $n \times (n+3)$ 列的行向量。在得到统计模量 SP 矩阵后，需要量化正常批次对应的统计模量之间的差异，从而决定控制限。大多数采用基于距离或者基于角度的差异量化方法，而最常用的监控方法，如 PCA、PLS 等都是基于距离的量度。

当采用 PCA 方法时，首先提取训练批次的统计模量，然后经过 PCA 数据处理算法得

到模型参数；其次计算新批次的统计模量，然后计算 SPE 和 T 两个统计量比对控制限，从而发现异常。

当采用 PLS 方法时，由于 PLS 方法需要一个自变量矩阵和一个因变量矩阵，导致建模时的处理会有所不同。除了需要训练批次的统计模量外，还需要训练批次的若干质量指标。

任务 4　注塑过程监控技术应用

【任务描述】

通过学习注塑过程监控技术在实际生产过程中的应用，有助于理解注塑过程监控技术的使用方法和对企业的实际使用价值。

【知识链接】

通过注塑过程监控技术，可以提高注塑制品成型的生产效率、质量稳定和可持续性，以下列举了注塑过程监控技术的一些应用方向。

（1）制品质量控制。通过监测关键注塑参数，如温度、压力、行程、时间和流速等，实时识别和纠正生产中的缺陷，以确保持续生产出高质量的塑料制品。

（2）节能和资源优化。通过实时监测生产过程，可以帮助生产商优化注塑机的运行，以降低能源消耗和原材料浪费，同时通过调整注塑参数提高能效，并减少不必要的资源浪费。

（3）生产效率提高。监控技术可以提高生产效率，减少生产停机时间和故障。通过实时监测设备状态和性能，生产商可以及时进行维护和预防性维护，以避免不必要的生产中断。

（4）数据分析和追溯。监控系统可以收集大量的生产数据，这些数据可以用于分析和追溯产品的制造过程。这有助于识别生产中的潜在问题，提高过程控制，满足质量和合规性要求。

（5）自动化和智能化。注塑过程监控技术的进步还使生产过程更加自动化和智能化。自动控制系统和机器学习算法可用于实时调整注塑参数，以适应不同的生产需求和材料特性。

一、成型过程可视化

注塑成型过程中各阶段对应的典型型腔压力曲线如图 9.17 所示。

（1）注射开始：塑料熔体通过流道、浇口进入模具型腔，塑料熔体与传感器接触之后，传感器感应到压力。

（2）注射中：熔体继续充填，直到型腔体积完全填满，该过程中的压力上升为熔体流动需要克服的阻力，斜率与填充的速度有关，速度越快，斜率越高，反之斜率降低。

（3）保压阶段：型腔压力达到最大值后，熔体收缩效益明显，同时保压还在持续，所有压力下降速度缓慢。

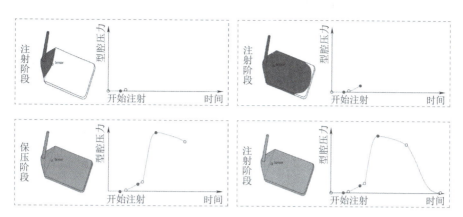

图 9.17 注塑成型过程中各阶段对应的典型型腔压力曲线

（4）保压结束后，熔体进入冷却阶段，此时熔体快速收缩，型腔压力回到大气压水平。

二、成型过程监控

智能监控系统的第三个功能是成型过程监控，主要包括以下6种监控方式。
（1）区域监控：峰值压力在设定区域外时，输出警报。
（2）峰值监控：监控时间内波形数据的峰值在超过设定上下限压力值时输出警报。
（3）ts 后监控：监控时间后压力值在超过设定上下限值时输出警报。
（4）达峰时间监控：测量时间内的达峰时间在设定时间范围外时输出警报。
（5）积分值监控：测量时间内压力积分值在超过设定上下限值时输出警报；
（6）达峰积分值监控：测量时间内直至达峰时间的压力积分值在超过设定上下限值时输出警报。

几种型腔压力曲线监控方法如图 9.18 所示。

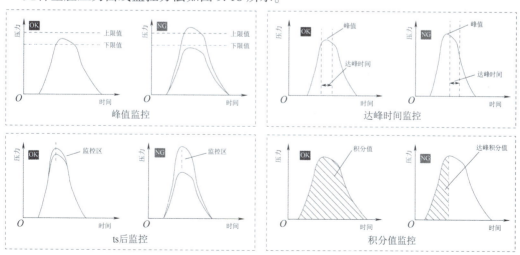

图 9.18 型腔压力曲线监控方法

三、工艺参数优化

注塑成型过程中工艺参数对型腔压力曲线的影响如图9.19所示，图中蓝色为目标压力曲线。

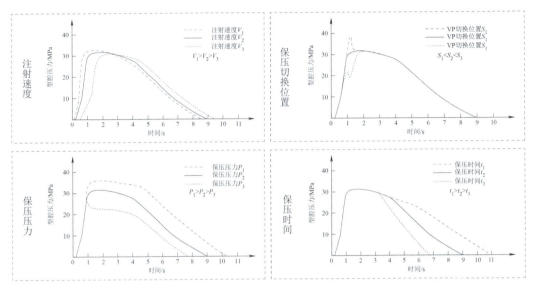

图 9.19　注塑成型过程中工艺参数对型腔压力曲线的影响（附彩插）

（1）注射速度过快或者过慢都会导致型腔压力曲线的变化。

（2）保压切换位置切换太早，型腔压力曲线会出现双波峰，切换太晚，会出现尖峰。

（3）保压压力低时，制品会出现缩孔、尺寸等问题，而保压压力太高时，会导致制品残余应力增加、飞边等缺陷。

（4）保压时间太短时，由于此时浇口还未凝固，塑料熔体会出现回流；而过大的保压时间会增加成型周期。

参 考 文 献

[1] 赵春晖. 注塑过程监控系统的设计与监测方法的研究 [D]. 沈阳：东北大学，2006.
[2] 周俊. 基于型腔压力的注塑成型在线监控原型系统设计与实现 [D]. 武汉：华中科技大学，2014.
[3] 何斌，周华民，毛霆，等. 基于OPC的注塑机群数据采集系统设计 [J]. 哈尔滨：自动化技术与应用，2016，35（3）：119-124.
[4] 程鹏. 基于型腔压力的注塑成形质量监控系统 [D]. 武汉：华中科技大学，2016.
[5] 程鹏，黄志高，张云，等. 一种基于型腔压力统计模量的注塑成型质量监控方法 [J]. 成都：塑料工业，2016，44（5）：54-57+70.
[6] 李一果. 塑料注射成形过程稳定性的智能监测方法 [D]. 武汉：华中科技大学，2019.
[7] 李华伟. 塑料注射成形过程一致性智能监控技术 [D]. 武汉：华中科技大学，2020.
[8] 赵蔷. 主成分分析方法综述 [J]. 沈阳：软件工程，2016，19（6）：1-3.

项目 10 注塑产品视觉检测技术

项目引入

在企业生产制造过程中,产品的检测环节必不可少,通常有抽检和全检,根据作业指导书由人工对产品的质量进行判定。这种方式对检测人员的要求比较高,同时,由于人无法像机器一样不停地工作,想要保证产品质量,只有通过更细致严格的规范和多道检测来实现,其用人成本相对较高。注塑产品视觉检测是指由机器视觉采集图像,通过图像检测或人工智能算法从图像中提取产品缺陷,实现对注塑产品外观缺陷的检测。其优点在于检测效率高、检测精度高,能够有效降低生产制造成本,其难点则在于获取可靠的检测方法或者算法模型,更适用于单一、大批量的精密注塑件。

项目目标

(1) 了解视觉检测技术的概念。
(2) 了解视觉检测技术的发展历程。
(3) 了解注塑产品的视觉检测技术。
(4) 了解视觉检测技术的基础知识。
(5) 了解视觉检测技术的应用案例。

任务 1 视觉检测技术概述

【任务描述】

通过学习视觉检测技术的发展史和视觉检测技术在注塑行业的应用和挑战,可以更好地了解视觉检测技术在注塑行业的技术方案和检测方法。

【知识链接】

视觉检测技术,也称为机器视觉或计算机视觉,是一门涵盖图像处理、模式识别和人工智能的交叉学科领域,其通过使用摄像头、传感器和计算机视觉软件模拟和增强人眼的视觉系统,用于检测、识别、测量和分析物体、图像和视频。

一、视觉检测技术的发展历程

视觉检测技术的发展历程可以追溯到相对早期的计算机科学和图像处理领域，随着时间的推移，不断演进和成熟。

（1）早期计算机视觉（20世纪50年代至60年代）。早期计算机视觉主要集中在字符识别和简单形状检测方面，用于自动化数据处理。1950年，美国研究人员开始开发用于光学字符识别（OCR）的系统，这是视觉检测的早期应用之一。

（2）边缘检测和特征提取（20世纪70年代至80年代）。在这个时期，视觉检测开始关注图像的特征提取，包括边缘检测、角点检测和纹理分析等。计算机视觉研究的一个关键里程碑是1983年David Marr发表的书籍 *Vision*，提出了关于视觉信息处理的理论框架。

（3）基于知识的系统（20世纪90年代至90年代）。在这个时期，研究人员开始尝试将专家知识和规则应用于计算机视觉系统，以进行目标识别和分析。基于知识的系统依赖于先验知识，使得其更适合一些受控环境的应用。

（4）机器学习和模式识别（20世纪90年代至21世纪初）。随着机器学习和模式识别技术的兴起，视觉检测取得重大进展。支持向量机（SVM）、神经网络和决策树等机器学习算法开始应用于图像分类、对象检测和图像分割。

（5）深度学习革命（2010年至今）。深度学习的崛起改变了视觉检测领域。卷积神经网络（CNN）的出现在图像识别、对象检测和图像分割等任务上取得了重大成功。深度学习模型如AlexNet、VGG、ResNet、YOLO和Mask R-CNN等引领了图像处理和计算机视觉的发展。

（6）实时视觉检测和嵌入式系统（2010年至今）。随着计算机硬件的提升和嵌入式计算平台的发展，视觉检测系统变得更快、更轻便，适用于实时应用，如自动驾驶、无人机和工业自动化。视觉检测也在医疗诊断、农业、安全监控、零售和虚拟现实等领域广泛应用。

（7）多传感器融合和3D视觉（2010年至今）。随着多传感器融合技术的发展，视觉检测系统可以整合多个传感器类型，如摄像头、激光雷达和红外传感器，提高感知的准确性。3D视觉技术的兴起使得系统能够获取三维信息，用于各种应用，如虚拟现实、自动导航和3D扫描。

二、视觉检测技术在注塑行业的应用与挑战

产品缺陷自动检测旨在减少缺陷检测过程中的人为参与，实现少人甚至无人化操作，从而建设全闭环的自动化生产流水线，提高生产效率和产品品质。根据缺陷自动检测技术和系统研究的调研结果，注塑生产领域的产品缺陷自动检测技术要求可以总结如下。

（1）高准确性。随着高端制造需求的日益增加，客户对于注塑产品的外观质量要求越来越高，缺陷自动检测系统需要具有较高的准确性来保证产品的最终合格率，以满足客户需求。例如，多数注塑成型产品的良品率约为95%，而在高品质生产中，最终交货产品的合格率需要达到99%以上，缺陷自动检测系统必须以较高的准确率从待测产品中筛选出缺陷产品，提高产品品质。然而，缺陷自动检测的高准确性具有两个层面的含义：缺陷产品

能够被准确地识别，即高召回率、低漏检率；合格产品能够顺利地通过检测，即高精确率、低误检率。高性能的缺陷自动检测系统需要兼顾漏检率和误检率这两个矛盾的指标，在提高产品质量和生产效率的同时，减少生产成本和原料浪费。

（2）高实时性。不同于传统人工缺陷检测的离线抽样检测，缺陷自动检测系统需要在规定时间内完成所有批次产品的实时在线检测，保证整个生产线的生产节拍和效率。例如，数据线插头外壳等小型注塑件的工艺方案通常设计为一模多腔的形式来提高生产效率，在大约 20 s 的时间内成型 12 个或者 16 个产品，平均每个产品的生产时间仅为几秒钟，自动检测系统需要具有较高的实时性才能在几秒钟的时间内完成单个产品的多种缺陷检测，保证在线检测环节不会影响后续工序的进行，从而提高生产效率。

（3）强抗干扰性。注塑产品生产过程中，工艺参数和环境因素的波动都会对缺陷产品的外观表现造成很大的影响，导致缺陷产品图像变化多样，缺陷自动检测系统需要有较高的抗干扰性来应对这些生产中的变化因素，保证产品质量的一致性。例如，注塑生产环境中，光照条件、图像采集角度和图像噪声等因素都会导致产品图像出现各种各样的变化，缺陷自动检测系统需要具有较高的抗干扰性，在图像发生一定程度的变化时仍然能够正确检测产品缺陷，保证检测性能的稳定性。

任务3　视觉检测技术的基础知识

【任务描述】

通过学习视觉检测技术的基础知识，可以更好地了解搭建一个视觉检测平台需要的光学成像、图像处理及硬件平台等知识。

【知识链接】

视觉检测技术是一种用于获取、处理和分析图像数据以执行各种设定目标任务的技术。通常需要搭建视觉检测硬件平台，如机械手、传送带等提供物体的传输服务，相机、光源、镜头等提供图像采集服务，以及视觉检测系统提供对图像的处理、分析等服务。视觉检测技术在过去数十年间得到了快速发展，获得了较大的进步和研究成果。

传统视觉检测技术主要使用人工设计的规则和算法，这些技术通常涉及预定义的规则和特征，用于识别和分析图像中的对象、特征和缺陷。常用的视觉检测方法有边缘检测、模板匹配等。具体内容如下：（1）边缘检测是用于检测图像中物体边界的技术，通过查找图像中亮度变化来识别边缘，可用于对象检测、分割和测量；（2）模板匹配是将预定义的模板与图像中的区域进行比较，以检测模板是否出现在图像中，用于对象检测和定位。

现代视觉检测技术结合了计算机视觉、图像处理和深度学习等现代技术，以更准确、自动化和灵活的方式执行各种检测和分析任务。深度学习方法如 CNN 在目标检测任务中被广泛运用，深度学习的成功归因于其能够从大量数据中学习特征和模式，并能够处理复杂的任务，改变了传统视觉检测技术的局限性，现在视觉检测技术在各个领域的应用越来越广，如面部识别、缺陷检测、医学影响分析、自动驾驶等。

一、光学成像

光学成像是指使用光学设备来捕获和显示物体的图像，以便观察和分析。物体的光学成像离不开光，光是一种电磁波，同时具有波动性和粒子性，即波粒二象性，光在真空中以光速传播，在不同介质中具有不同的传播速度。

光的传播通常为直线，光线在光学成像中用于表示光的路径。光线在穿过不同介质界面时会发生弯曲现象，即光的折射，根据斯涅尔定律，其与入射角和介质的折射率有关。光的反射则是光线从界面反弹的现象，根据反射定律，入射角等于反射角，如图 10.1 所示。

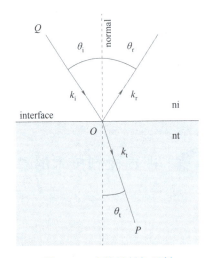

图 10.1 光的折射与反射

光的折射定律和反射定律是打开光学设计大门的钥匙。光学成像是指通过透镜或反射器件捕获物体的图像。其过程如下：光线从物体上反射，通过透镜系统聚焦，然后汇聚在成像平面上，形成倒立的实像或虚像。以下为光学成像的一些关键概念和原理。

（1）透镜系统。透镜是一种光学元件，可以通过透镜系统来聚焦或发散光线，形成清晰的图像。透镜系统通常由凸透镜和凹透镜组成，可以用来控制焦距和调整光线的走向。

（2）焦距。透镜的焦距是一个重要参数，其决定了透镜的焦点位置和放大倍数。较短的焦距会导致更大的放大倍数，而较长的焦距会导致较小的放大倍数。

（3）成像平面。透镜系统将物体上的光线汇聚到成像平面上，形成物体的光学图像。成像平面通常位于透镜的焦点处。

（4）放大倍数。放大倍数指的是成像中物体的线性尺寸与实际物体的线性尺寸之间的比例关系，其可以通过调整透镜系统的参数来改变。

（5）光圈和快门。在摄影中，光圈控制了进入相机的光线量，而快门控制了曝光时间。这两个因素共同影响了图像的亮度和深度。

（6）对焦。对焦是调整透镜系统以确保图像清晰的过程，其通常涉及改变透镜到成像平面的距离。

二、图像处理

图像处理是一种使用计算机算法和技术来改善、分析、处理和解释数字图像的过程。这些数字图像有各种来源，包括摄影、遥感、医学成像、机器视觉、计算机视觉和图形学等领域。图像处理的目标通常包括改善图像质量、提取有用的信息、识别和跟踪物体、分割不同区域，以及执行各种视觉任务，其具体的操作有图像增强、图像滤波、图像分割、特征提取、阈值处理及图片压缩等，具体内容如下：（1）图像增强是用于改善图像的质量，包括调整亮度、对比度、锐度及减少图像模糊等；（2）图像滤波是用于平滑图像、增强图像特定频率的信息或去除噪声，常见的图像滤波方法包括均值滤波、高斯滤波和中值滤波；（3）图像分割是将图像划分成不同的区域或对象，以便进行单独分析，其可以基于颜色、纹理、边缘或其他特征来实现；（4）特征提取是用于从图像中提取有用的信息，如边缘、角点、纹理、形状等，这些特征可用于目标识别、分类和跟踪等任务；（5）阈值处理是根据像素值将图像分成不同区域的过程，通常用于图像分割和二值化；（6）图像压缩是用于减小图像文件的大小，同时尽量保持图像质量。常见的压缩算法包括 JPEG 和 PNG。

借助计算机工具调用图像处理库可以较为快捷地实现对图像的处理。常用的图像处理开源库有 OpenCV（Open Computer Vision Library）。OpenCV 应用广泛，提供了丰富的功能和工具，共包含了超过 2 500 种算法和函数，涵盖了各种图像处理和计算机视觉任务。OpenCV 支持多种编程语言，包括 C/C++、Python、Java 和 Matlab 等，易于在不同的应用中集成。同时，OpenCV 也是跨平台的，支持 Windows、Linux、macOS 和 Android 等操作系统，适用于各种硬件和开发环境。在使用 OpenCV 库的处理图像的过程中，不可避免地需要调用各种图像处理算法，以下简要列出部分图像处理算法的作用。

（1）线性滤波。线性滤波是通过应用卷积操作来处理图像的一种基本技术。常见的线性滤波器包括均值滤波、高斯滤波、中值滤波和边缘检测滤波器。这些滤波器可用于去除噪声、平滑图像和检测图像中的边缘。

（2）直方图均衡化。直方图均衡化是一种用于增强图像对比度的方法，其通过重新分布图像的像素值来扩展像素值范围，以便更好地展示图像的细节。

（3）Canny 边缘检测。Canny 边缘检测是一种广泛用于检测图像中边缘的算法，其使用多步骤的过程，包括高斯滤波、梯度计算、非极大值抑制和边缘跟踪，以检测图像中的边缘。

（4）傅里叶变换。傅里叶变换可用于将图像从空间域转换为频域，以便在频域中分析图像特征。傅里叶变换广泛应用于频域滤波、图像复原和纹理分析等任务。

（5）形态学处理。形态学处理是用于处理二值图像的技术，包括腐蚀、膨胀、开运算和闭运算等操作。这些操作用于改变二值图像中对象的形状和大小。

三、硬件平台

视觉检测技术在实际的工程应用中通常需要使用特定的硬件设备来获取、处理和分析图像数据。

图 10.2 所示为注塑产品在线检测硬件平台，主要硬件设备：工控机、显示器、机械手、传动带、工业相机、工业镜头、光源系统、光源控制器、交换机、PLC、机械手前端执行机构及相应的支撑机械结构等，包含以下几个功能模块。

图 10.2　注塑产品在线检测平台

（1）图像采集模块。该模块负责产品图像的采集，包含工业相机、光源系统和光源控制器及相应的机械支撑结构。工业相机使用高速 GigE 网线经过千兆交换机与工控机相连，光源系统经过光源控制器与工控机相连。在线检测时，工业相机在工控机的控制下完成相机参数的设定和图像获取。同时，工控机控制光源系统的点亮、关闭和亮度，配合工业相机完成产品图像的采集。

（2）PLC 组件模块。该模块负责整个缺陷检测系统中电气设备的自动化运行，由 PLC 设备及其内置的控制程序组成。为了降低工控机的工作量和系统的功能耦合性，本章设计的缺陷检测系统中的电气设备均由 PLC 组件控制，包括传动带等运动机构、机械手和机械手前端的执行机构。PLC 按照设定好的程序控制相关的电气设备完成各自的工作，并通过 GigE 网线与工控机相连，进行数据交换以便各模块协同运行。

（3）运动模块。该模块负责产品的上下料操作和缺陷检测工位的变换，由运动机构和相关控制器组成，如传送带、气缸、步进电机和运动控制器等。其中，传送带和气缸等负责将产品运送至指定的检测工位，由 PLC 中包含的自动化程序控制。此外，若没有多检测工位时，可去除运动模块，由机械手直接完成上下料操作。

机械手负责注塑产品的上下料，由一个三轴或者六轴机械手及其控制器组成。机械手模块将来自生产线上的注塑产品转移至缺陷检测工位，或者直接将注塑产品安置在指定的检测工作台上。检测流程完成后，机械手按照检测结果将合格产品转移至后续工位，或者将缺陷产品转移至指定弃置工位。PLC 程序按照需求给机械手发送 I/O 指令，机械手按照提前设置的工作路径完成相应操作。

四、深度学习

深度学习是机器学习的一个分支，它是从数据中学习表示的一种新方法，强调从连续的层（layer）中进行学习，这些层对应越来越有意义的表示。"深度学习"中的"深度"指的并不是利用这种方法所获取的更深层次的理解，而是指一系列连续的表示层。数据模型中包含的层数，被称为模型的深度（depth），这些分层表示通过神经网络（neural network）的模型学习得到，神经网络的结构是逐层堆叠的。如图10.3所示，网络将数字图像转换成与原始图像差别越来越大的表示，而其中关于最终结果的信息却越来越丰富。

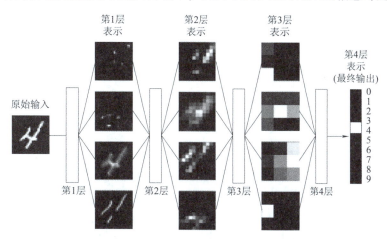

图 10.3　数字图像分类模型学到的深度表示

得益于人工智能技术的发展，训练深度学习算法模型对于普通使用者或初学者来讲已经变得非常简便了，只需要有 Python 运行环境就可以在笔记本计算机或台式计算机上实现个人的深度学习工作站，进行一些简单的学习和测试，如知名的深度学习框架 TensorFlow、Keras 等。如果想要了解前沿的人工智能技术，还可以登录机器学习竞赛网站 Kaggle 进行查阅，这里简单地介绍一下深度学习技术在产品缺陷检测实施过程中涉及的技术路线。

（1）数据采集和预处理。收集大量的图像数据，最好通过工业相机进行拍摄，包括有缺陷和无缺陷的样本，同时需要对图像进行标注。除此之外，还需要对图像进行处理，包括图像的归一化、尺寸调整、去噪等，确保用来深度学习模型的训练的数据具有良好的质量。

（2）选择深度学习模型。选择适合缺陷检测任务的深度学习模型。卷积神经网络（CNNs）通常在图像相关任务中表现良好，循环神经网络（RNNs）可用于时序数据，而生成对抗网络（GANs）可用于数据增强。在实际选择模型过程中，可以参考深度学习框架的参考文档，在深度学习框架下选择模型就像搭积木一样，只需要几行代码就可以实现模型的选择和参数配置。

（3）模型训练。划分训练集、验证集和测试集，选择合适的损失函数、监测指标及优化器，在数据输入方法上，还有一系列可以用来提高模型准确性的方法，这里不作赘述。将数据输入给深度学习框架，这个训练过程是自动完成的，只需要等待模型训练完毕即可。

（4）模型验证和评估。通过测试集对训练好的模型进行性能评估。通常使用如准确率、精确度、召回率、F1 分数等指标来评估模型的性能。

（5）模型调优。根据验证结果对模型进行调整，包括模型结构调整、学习率调整等。这个过程可能需要多次迭代。

（6）部署和实时检测。将训练好的模型部署到实际生产环境中，设计相应的视觉检测平台，用于实时检测缺陷。

任务 3　视觉检测技术在注塑成型中的应用

【任务描述】

通过学习视觉检测技术在注塑成型中的应用，可以更好地了解注塑成型过程的常见缺陷及检测方法。

【知识链接】

工业现场中，工业视觉技术具备广泛的应用前景和市场需求。随着人工智能大数据技术及云计算技术的不断发展，传统的基于人工判断的视觉场景正在向智能识别方向迈进。在注塑成型领域中，视觉检测技术可以实现如外观缺陷检测、外观尺寸测量等功能。

注塑缺陷是指在注塑成型过程中制品发生的产品质量问题，影响注塑制品的外观、功能和性能。常见的注塑缺陷包括气泡、短施、毛刺、射出不良、变形等。这些缺陷可能由于原材料、设备、工艺、模具等多种因素引起，按出现位置和分布特点大致分为局部缺陷和全局缺陷两种类型，部分实例及其成因如表 10.1 所示，缺陷实物展示如图 10.4 所示。

表 10.1　注塑产品部分常见缺陷对比

缺陷类型	缺陷名称	出现位置	缺陷成因
局部缺陷	缩水	厚壁或顶端区域	熔体冷却收缩
	披锋	合模线附近	塑料熔体溢料
	顶白	顶出机构附近	顶针推出压力过大
	浇口	产品浇口处	流道与产品分离不彻底
	气纹	模具困气处、浇口处	空气、水分等形成花纹
	龟裂	转角和嵌件处	内应力变形导致
全局缺陷	黑点	整个产品表面	夹杂烧焦原料或灰尘
	划痕	整个产品表面	模具或者设备刮伤
	料花	整个产品表面	熔体中水分形成花纹
	熔体冷料	整个产品表面	夹杂冷却原料
	色差	整个产品表面	色母料混合不均匀

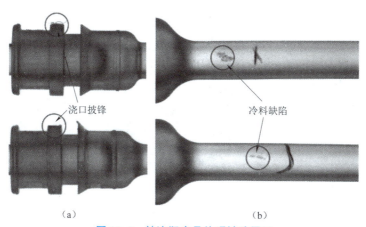

图 10.4 某注塑产品外观缺陷展示

(a) 浇口缺陷（局部）；(b) 冷料缺陷（全局）

注塑缺陷种类繁多、变化多样导致注塑产品缺陷检测难度较大。首先，缺陷的形态特征难以准确描述。例如，流道与产品分离时，由于浇口残余料的形状和大小不同导致浇口缺陷出现多种表现形式，难以用统一的特征描述不同的缺陷表现。其次，很多缺陷的外形较为微小，导致缺陷的精确检测极为困难。例如，小型数码注塑产品的披锋缺陷仅有几十微米，很难被观察到。此外，常见的注塑缺陷中，难以准确量化的缺陷占有极大的比例，例如，缩水缺陷难以用外形尺寸等数值特征准确描述，工人在检测这种缺陷时只能通过与标准限度板对比，按照一定的条件决定能否接受待测产品的缺陷程度，导致该类缺陷的检测具有很大的随机性，严重影响了产品的质量。因此，人工目视缺陷检测过于依赖质检工人的经验和技巧，不同熟练程度的工人检测速度和准确性具有很大的差异。例如，作者调研的某注塑企业对质检工人的要求为视力水平大于 1.0，无色盲或色弱，检测某手机壳产品缺陷时需要借助 20 倍显微镜观察。这些限制条件导致人工缺陷检测一致性差、效率较低，难以满足注塑生产的严格要求。

如图 10.5 所示，注塑产品缺陷在线检测软件界面分为 5 个主要的功能区域，分别为：①软件运行状态交互功能区，负责软件运行的开始、暂停、终止和重置等状态；②在线检测指标统计功能区，负责展示检测期间的统计指标，包括检测总数、检测速度、合格率和各类缺陷的产品数量等，统计指标根据检测过程实时更新显示；③检测结果图像展示功能区，负责显示指定缺陷检测工位获取的产品图像和检测结果标记，便于实时观察不同工位检测结果和产品的缺陷位置；④检测工位结果缩略图功能区，负责显示所有工作中的检测工位获得的检测结果图像缩略图，当选择缩略图的某个工位时，结果图像将显示在功能区③中；⑤缺陷产品标记显示功能区，不同颜色标记待测产品是否合格，合格为绿色标记，不合格为红色标记，标记数量和顺序与待检产品的数量和缺陷产品的位置对应。

壳型产品的 4 种缺陷在注塑产品缺陷检测系统中的实际检测效果如图 10.6 所示。上述壳型注塑产品被固定在专用的夹具上，不同缺陷检测工位具有不同的工作视野，因此单次图像采集检测的产品数量也不同。针眼缺陷工位、披锋缺陷工位和模凹缺陷工位每次检测 1 个产品，结果图像展示单个注塑产品的检测结果，而浇口缺陷工位每次检测 6 个产品，结果图像展示一组 6 个产品的检测结果。可见在采用基于工业视觉的缺陷智能检测与识别技术后，可以有效解决人工检测过程中耗时耗力的问题。

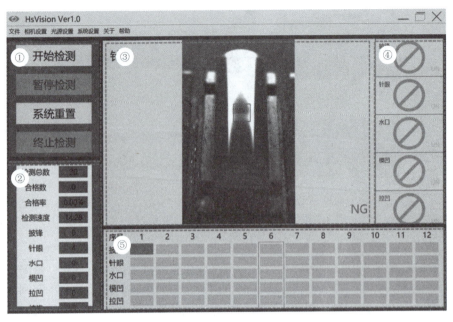

图 10.5 缺陷检测系统软件主界面

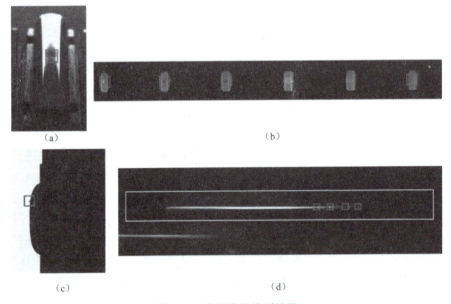

图 10.6 壳型产品检测结果

(a) 针眼缺陷; (b) 浇口缺陷; (c) 披锋缺陷; (d) 模凹缺陷

参 考 文 献

[1] 杨威. 基于机器视觉的注塑过程检测技术 [D]. 武汉: 华中科技大学, 2013.

[2] 杨威, 毛霆, 张云, 等. 注射制品表面缺陷在线检测与自动识别 [J]. 桂林: 模具工业. 2013, 39 (7): 7-12.

[3] 毛霆. 塑料注射成形产品质量智能检测技术研究 [D]. 武汉：华中科技大学，2018.

[4] 王宇杰. 基于机器视觉的塑料制品外观缺陷检测 [J]. 北京：合成树脂及塑料，2021，38（1）：93-96.

[5] 王占强，薄楠林. 计算机视觉技术在塑料检测领域的应用进展 [J]. 北京：合成树脂及塑料，2022，39（4）：88-91.

[6] 刘家欢. 注塑产品外观缺陷的深度学习在线检测方法 [D]. 武汉：华中科技大学，2022.

[7] 刘志文. 基于机器视觉的注塑制品缺陷检测研究 [D]. 北京：北京化工大学，2022.

[8] 刘有海，秦天翔，王英策，等. 简单光学成像技术及其研究进展 [J]. 北京：物理学报，2023，72（8）：21-46.

[9] 裴柏淞. 机器视觉技术在工业4.0中的应用 [J]. 北京：电子元器件与信息技术，2023，7（9）：62-65.

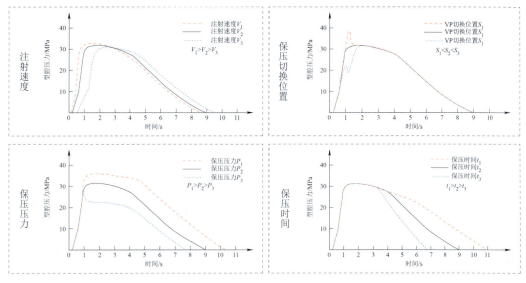

图 9.19 注塑成型过程中工艺参数对型腔压力曲线的影响